Esperanza Milagros García Oropesa
Rosa Issel Acosta
Cristina Hernandez

# Resistencia a la insulina: Nueva perspectiva genética

Esperanza Milagros García Oropesa
Rosa Issel Acosta
Cristina Hernandez

# Resistencia a la insulina: Nueva perspectiva genética

## Diabetes Mellitus Tipo 2

PUBLICIA

**Impressum / Aviso legal**
Bibliografische Information der Deutschen Nationalbibliothek: Die Deutsche Nationalbibliothek verzeichnet diese Publikation in der Deutschen Nationalbibliografie; detaillierte bibliografische Daten sind im Internet über http://dnb.d-nb.de abrufbar.


Información bibliográfica de la Deutsche Nationalbibliothek: La Deutsche Nationalbibliothek clasifica esta publicación en la Deutsche Nationalbibliografie; los datos bibliográficos detallados están disponibles en internet en http://dnb.d-nb.de.


Coverbild / Imagen de portada: www.ingimage.com

Verlag / Editorial:
PUBLICIA
ist ein Imprint der / es una marca de
OmniScriptum GmbH & Co. KG
Bahnhofstraße 28, 66111 Saarbrücken, Deutschland / Alemania
Email / Correo Electrónico: info@editorial-publicia.com

Herstellung: siehe letzte Seite /
Publicado en: consulte la última página
**ISBN: 978-3-639-64874-4**

# INDICE

# INDICE DE TABLAS

# INDICE DE FIGURAS Y GRÁFICOS

# ABREVIATURAS

| | |
|---|---|
| Acetil co-enzima A carboxilasa | ACC |
| Acido desoxirribonucléico complementario | cDNA |
| Acido ribonucléico | RNA |
| American Diabetes Association (Asociación Americana de Diabetes) | ADA |
| Centímetros | cm |
| Cloruro de Magnesio | $MgCl_2$ |
| Decilitro | dL |
| Desoxirribonucleótidos trifosfato | dNTPs |
| Desviación estándar | D.E. |
| Diabetes Mellitus tipo 2 | DMII |
| Factor de riesgo coronario | FRC |
| Frecuencia cardíaca | FC |
| Grados centigrados | °C |
| Hipertensión arterial sistémica | HAS |
| Homeostasis Model Assessment (Modelo Homeostático de Valoración) | HOMA |
| Índice cintura/cadera | I c/c |
| Indice de Masa Corporal | IMC |
| Kilodalton | kDa |
| Kilopares de bases | Kb |
| Lipoproteínas de alta densidad | HDL |
| Lipoproteínas de baja densidad | LDL |

| | |
|---|---|
| Lipoproteínas de muy baja densidad | VLDL |
| Litro | L |
| Microlitros | µL |
| Microunidades | µU |
| Miligramo | mg |
| Mililitro | ml |
| Milimetros de Mercurio | mmHg |
| Milimolar | mM |
| Milimoles | mmol |
| Minutos | min |
| Modelo Homeostático de Valoración de la Resistencia a la Insulina | HOMA-IR |
| Pares de bases | pb |
| Polimorfismo de un solo nucleótido | SNP |
| Polimorfismos en la Longitud de los Fragmentos de Restricción | RFLP |
| Proteinquinasa activada por Adenosin monofosfato | AMPK |
| Radioinmunoanálisis | RIA |
| Reacción en cadena de la polimerasa | PCR |
| Receptor Activador de Proliferación de los Peroxisomas alfa | PPARα |
| Solución de lisis Tritón-SDS | TSNT |
| Tensión arterial | TA |
| Tris-EDTA | TE |
| Ultravioleta | UV |

# RESUMEN

**Introducción:** La Diabetes mellitus (DM) es un síndrome caracterizado por trastornos metabólicos generalizados en el que el factor dominante es una hiperglucemia crónica. Existe una predisposición genética a la enfermedad, participando varios genes de susceptibilidad, entre los cuales se ha reportado el gen de la adiponectina, localizado en el locus 3q27.

**Objetivo:** Determinar la relación entre la resistencia a la insulina y variantes genéticas en el gen de adiponectina en pacientes con diabetes mellitus tipo 2.

**Metodología:** Se realizo la genotipificación para los polimorfismos 45 y 276 del gen de la adiponectina en 142 pacientes diabéticos y 68 controles por medio del método PCR-RFLP. Se evaluaron características antropométricas y de laboratorio, como glucosa, perfil de lípidos e insulina mediante los métodos glucosa oxidasa, enzimático e inmunoanálisis, respectivamente.

**Resultados:** Se encontraron diferencias significativas entre los dos grupos; la glucosa, perfil de lípidos, insulina y parámetros antropométricos como el IMC y el perímetro de cintura se encontraron mas elevados en los pacientes diabéticos que en el grupo control ($p< 0.05$). Las frecuencias de los genotipos para SNP45 y SNP276 se encontraron en equilibrio Hardy Weinberg. El análisis de regresión logística revelo que los pacientes que presentan el alelo polimórfico G en la posición 45 tienen un menor riesgo de padecer diabetes mellitus tipo 2 que aquellos portadores del alelo T (p= 0.00019, OR= 0.266; 95% IC= 0.131-0.538). No se encontró asociación del SNP276 con la DMII (p=0.363), ni con la resistencia a la insulina (p=0.575). Por otro lado, los análisis de haplotipos (D'= -0.15, r= -0.039) revelaron que los pacientes diabéticos portadores del homocigoto TG presentan un riesgo incrementado de desarrollar resistencia a la insulina (p=0.045, OR= 1.097; 95% IC= 0.998-1.207).

**Conclusiones:** Se puede aludir la susceptibilidad a la resistencia a la insulina y diabetes mellitus tipo 2 a la presencia de variantes genéticas en el gen de adiponectina.

# 1. INTRODUCCIÓN

La Diabetes mellitus (DM) es un síndrome caracterizado por trastornos metabólicos generalizados en el que el factor dominante es una hiperglucemia crónica. En la base de su etiopatogenia subyace un bien establecido mecanismo dual: por un lado, un estado sostenido de resistencia insulínica, y por otro, una disfunción secretora de las células beta pancreáticas de tendencia progresiva, crónica e irreversible. Ambos estados concomitantes de la diabetes mellitus tienen una base genética y ambiental no del todo bien conocido.

La resistencia insulínica es el hecho fisiopatológico característico de la diabetes mellitus y de ciertos estadios prediabéticos que conducen al establecimiento de la enfermedad. En este estado, la insulina es utilizada por debajo de sus acciones fisiológicas, lo que lleva indefectiblemente emparejado un insuficiente trabajo de la glucosa, tanto en el tejido adiposo como en el muscular, y eleva de manera secundaria sus valores séricos (1).

La DM se clasifica según la American Diabetes Association (ADA) en: a) Tipo 1, b) Tipo 2, c) otros tipos específicos y d) Diabetes gestacional (2) (3).

La DM tipo 2 se ha asociado a una multiplicidad de condiciones donde el proceso de envejecimiento, la genética, el medio ambiente y la cultura interaccionan de una manera compleja dando como resultado un incremento impresionante de la enfermedad particularmente en grupos sociales que han mudado rápidamente del estilo de vida tradicional al moderno. De manera especial se ha señalado que la obesidad, el sedentarismo y el estrés pueden favorecer la presentación de esta enfermedad (4).

Existe una predisposición genética a la diabetes mellitus tipo 2, participando varios genes de susceptibilidad, que interactúan en forma compleja y permanente con factores de índole ambiental (5). Entre los genes de susceptibilidad se ha reportado el gen de la adiponectina, localizado en el locus 3q27 (6). Este gen presenta varios polimorfismos de un solo nucleótido (SNP), entre ellos el SNP 45 y SNP 276 asociados con la disminución de niveles de adiponectina, una mayor resistencia a la insulina y un incremento en el riesgo de diabetes tipo 2 (7).

En 1955 existían 135 millones de pacientes diabéticos en el mundo, se esperan alrededor de 300 millones para el año 2025. Entre 1995 y 2025 se ha estimado un incremento de 35% en la prevalencia. Predomina el sexo femenino y es más frecuente en el grupo de edad de 45 a 64 años.

Los pacientes diabéticos en México viven 20 años en promedio con la enfermedad; este padecimiento se presenta entre los 35 y 40 años. Anualmente se registran 210 mil personas diabéticas y fallecen 30 mil aproximadamente. Por cada diabético que muere se detectan siete nuevos casos de enfermedad (8).

Como causa de mortalidad general en México, la diabetes ha escalado posiciones, desde el lugar número 28 en 1928, al cuarto lugar en la década de los noventa, y posteriormente como principal causa de muerte tanto en las mujeres como en los hombres, con una tasa de mortalidad de 70.8% en el 2008 (9).

La mortalidad por diabetes mellitus es mayor en los estados del Norte que en los del Sur, los del Centro tienen un comportamiento intermedio y el DF se comporta como los estados del Norte, siendo más frecuente en los grupos sociales con estilo de vida urbano (8). De tal modo que la diabetes mellitus ocupa el primer lugar como causa de muerte en las mujeres del estado de Tamaulipas con una tasa de 100.9, mientras que en los hombres tamaulipecos es la segunda causa de mortalidad con una tasa de 96.4 (9).

Evaluar en los pacientes diabéticos sus características clínicas, del estilo de vida y la contribución genética a la enfermedad nos permitirá identificar un posible factor de susceptibilidad al desarrollo de la enfermedad en población mexicana.

# 2. ANTECEDENTES

## 2.1. El tejido adiposo

El tejido adiposo es el sitio donde el organismo guarda su principal reserva energética, fundamentalmente en forma de triglicéridos. El adipocito tiene la capacidad de acumular grasa cuando el aporte energético es excesivo; y de movilizarla cuando el organismo requiere energía (10).

En los mamíferos se pueden encontrar dos grandes tipos de tejido adiposo, el tejido adiposo blanco y el tejido adiposo pardo o marrón (11). Ambos tienen capacidad de metabolizar y almacenar lípidos, pero presentan claras diferencias en cuanto a su morfología, distribución, expresión génica, así como en su función. El tejido adiposo blanco es el órgano específico que almacena la energía sobrante en forma de grasa; mientras que el tejido adiposo marrón, tiene una función fisiológicamente opuesta: permite la disipación de energía en forma de calor (12).

Actualmente, el tejido adiposo es considerado un órgano dinámico involucrado en muchos procesos fisiológicos y metabólicos. Se sabe que expresa y secreta una gran variedad de péptidos activos conocidos como adipocitoquinas, las cuales actúan en forma local (autocrina/paracrina) y sistémica (endocrina) (13).

Además, expresa numerosos receptores que le permiten responder a señales aferentes de distintos órganos endocrinos y del sistema nervioso central (13).

Las hormonas, citocinas y otras moléculas que se producen y secretan por el tejido adiposo están implicadas en procesos de regulación metabólica, neuroendocrina, inmunológica y cardiovascular, como se expresa brevemente a continuación:

La lipasa de lipoproteínas es una enzima que regula el ingreso de los ácidos grasos libres al interior de los adipocitos. Se considera que la lipasa de lipoproteínas en combinación con los esteroides juega un papel central en la regulación topográfica de la grasa corporal y es determinante en el desarrollo de obesidad visceral (14).

La proteína estimuladora de acilación, estimula la síntesis de triglicéridos en el tejido adiposo. En la fase postprandial se observa que la secreción de esta proteína y el aclaramiento de los triglicéridos circulantes ocurren simultáneamente, lo que sugiere un efecto paracrino de la molécula (10).

La apoproteína E es un componente importante de varias lipoproteínas plasmáticas, funciona como ligando para algunos receptores de las lipoproteínas.

La proteína transportadora de colesterol esterificado participa en la transferencia de colesterol esterificado de las lipoproteínas de alta densidad (HDL) a las lipoproteínas de muy baja densidad (VLDL). Algunos estudios sugieren que la actividad y cantidad de esta proteína aumenta con la obesidad (14).

El inhibidor del activador del plasminógeno tipo 1 es el principal regulador del sistema fibrinolítico (15), su elevada concentración plasmática en obesos se correlaciona con un exceso de grasa visceral (16).

La 17-β-hidroxiesteroide deshidrogenasa y la aromatasa son enzimas derivadas del adipocito muy importantes para el metabolismo de los esteroides sexuales. La aromatasa es responsable de transformar androstenediona en estrona (17).

El angiotensinógeno es el sustrato de renina, la cual lo convierte en angiotensina I, el precursor de la angiotensina II. Se ha postulado que el angiotensinógeno podría participar en la regulación del tamaño de la reserva de grasa en respuesta a cambios nutricionales.

La Interleucina-6 es una citocina inducida por estrés que actúa como mediador de la respuesta inflamatoria. Recientemente se ha reportado que tiene múltiples efectos en diversos tejidos, como el cerebro.

El factor de necrosis tumoral alfa es una citocina producida normalmente por los macrófagos en procesos malignos y en estados de inflamación crónica, sus efectos biológicos incluyen anorexia, disminución de peso corporal y reducción del tejido adiposo. El factor de necrosis tumoral alfa interfiere en la vía de señalización de la insulina y este efecto se asocia con la resistencia a la insulina que se presenta en la obesidad.

La leptina es la molécula señal con una función central en la regulación de la homeostasis energética, tiene efectos biológicos en diversos procesos celulares, como reproducción, hematopoyesis, la angiogénesis y la respuesta inmune (10).

La adipsina es una proteína que parece regular el ritmo al cual los ácidos grasos procedentes de la acción de la lipasa de lipoproteína son captados por los adipocitos y posteriormente convertidos a triglicéridos por los mismos. También parece afectar el ritmo al que los ácidos grasos son liberados desde los adipocitos (18).

La resistina es secretada por los adipocitos maduros y se ha postulado que puede ser el enlace entre la obesidad y el desarrollo de resistencia a la insulina (19).

La adiponectina es una proteína de secreción similar al colágeno, sus niveles en plasma se correlacionan negativamente con el IMC y con la cantidad de grasa visceral (14).

## 2.2. Adiponectina

La adiponectina es una hormona proteica producida exclusivamente por el tejido adiposo (20). Fue identificada y descrita por cuatro grupos independientes durante los años 1995 y 1996. Dos de los grupos la clonaron de líneas celulares murinas, en el que aislaron el cDNA de ratón utilizando la técnica de hibridación sustractiva a partir de RNA expresado durante la diferenciación a adipocito de los fibroblastos 3T3-L1 y 3T3F442A (21) (22), otro grupo la identifico como el transcripto más abundante derivado del tejido adiposo a partir de biopsias de tejido adiposo humano (20) y el último grupo la aisló del plasma humano por cromatografía de afinidad y posteriormente secuenciada (23). De tal modo, cada grupo la nombro de diferente manera:

- ApM1- Proteína derivada del gen transcripto más abundante del tejido adiposo (20).
- Acrp30- Proteína de 30 kDa del adipocito relacionada con el complemento (21).
- AdipoQ (22).
- GBP28- Proteína de unión a gelatina de 28 kDa (23).

### 2.2.1. Estructura

La adiponectina es una proteína con un peso molecular aproximado de 30 KDa, compuesta por 244 aminoácidos (20). Se encuentra codificada por el gen apM1 denominado así por ser el transcripto más abundante del adipocito, éste gen ubicado en el brazo largo del cromosoma 3, locus 3q27, posee una extensión de 17 Kb y está compuesto por 3 exones y 2 intrones (24).

En la estructura de la adiponectina hay cuatro dominios (Figura 1). En el extremo aminoterminal se encuentra la secuencia señal, que permite la secreción de la adiponectina, seguida de una región variable sin homología, un dominio tipo colágeno y en el extremo carboxiterminal un dominio globular (21).

Tomando en cuenta su estructura primaria, la adiponectina presenta homología con la proteína C1q del sistema complemento, el colágeno VIII, el colágeno X y la precerebelina (25) (26). De igual forma, estudios realizados por cristalografía con rayos X del fragmento globular reflejan una alta homología estructural con el factor de necrosis tumoral (TNFα) (27).

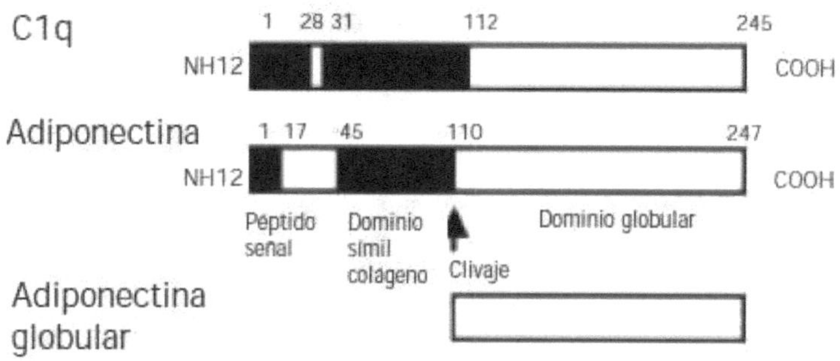


**Figura 1.** Estructura y dominios de la adiponectina. Homología estructural con C1q y generación de fragmento globular por proteólisis.
Fuente: Scherer y cols. 1995.

La adiponectina circula en el plasma en diferentes isoformas producidas por modificaciones post-traduccionales, como hidroxilaciones y glicosilaciones en el dominio tipo colágeno produciendo 8 isoformas (28).

La estructura básica de la adiponectina forma trímeros, estos se forman por asociación de tres monómeros a través del dominio globular, siendo estas estructuras de bajo peso molecular (LMW); estos a su vez forman estructuras más complejas formadas por la unión de estos trímeros mediante puentes disulfuro. Estas estructuras más complejas incluyen las de mediano peso molecular (MMW) y las de alto peso molecular (HMW), correspondiendo a hexámeros y multímeros mayores respectivamente, siendo todos múltiplos de tres (Figura 2) (29).

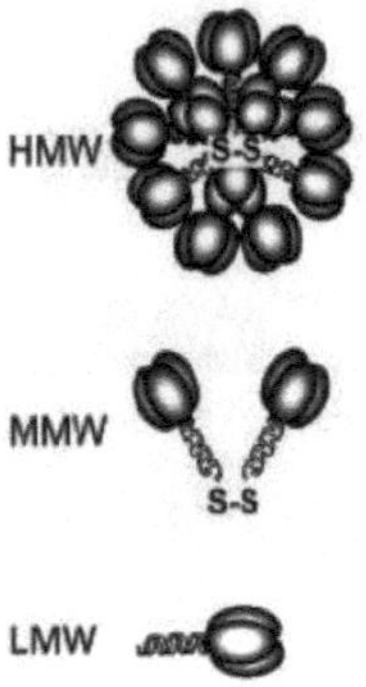


**Figura 2.** Esquemas de las diferentes especies de adiponectina.
Fuente: Waki y cols. 2003.

### 2.2.2. Secreción de la adiponectina

La adiponectina es la adipocitocina que presenta una mayor expresión en el adipocito, y en condiciones fisiológicas normales, se expresa exclusivamente en estos. La adiponectina circula en plasma en concentraciones que oscilan entre 5 y 30 µg/mL y representa aproximadamente el 0.01% del total de las proteínas plasmáticas.

Su concentración en el plasma depende de diversos factores como lo son el sexo, ya que se encuentra en menor concentración en varones que en mujeres, así como en la edad o la etnia. De tal modo que su síntesis y secreción se regula por diferentes mecanismos y factores, los cuales pueden aumentar o disminuir la concentración de adiponectina plasmática (Tabla 1) (30).

| Factor | Concentración de adiponectina |
|---|---|
| Obesidad | ↓ |
| Sexo | ↓ (varones), ↑ (mujeres) |
| Edad | ↓ |
| Etnia | ↑ (caucásicos) / ↓(indoasiáticos) |
| Ritmo circadiano | ↓ (noche) |
| Pérdida de peso por | |
| Dieta | ↑ |
| *Bypass* gástrico | ↑ |
| Tamaño de los adipocitos | ↓ |
| Resistencia a la insulina | ↓ |
| Diabetes tipo 2 | ↓ |
| Enfermedad coronaria arterial | ↓ |
| Diabetes gestacional | ↓ |
| Tratamiento con TZD | ↑ |
| TNF-α, IL-6 | ↓ |
| Catecolaminas | ↓ |
| Glucocorticoides | ↓ |

**Tabla 1.** Factores que afectan a la concentración plasmática de adiponectina en humanos.
Fuente: Palomer y cols. 2005.

Dentro de todos estos factores, una de las características más importantes de la adiponectina, es que a diferencia de otras adipocitocinas, su expresión en el tejido adiposo y su concentración plasmática se reduce en individuos con sobrepeso y obesidad (31). Además de correlacionarse negativamente con el índice de masa corporal (IMC) y el porcentaje de grasa corporal, la adiponectina también se asocia negativamente con la concentración de triglicéridos en plasma (32) , mientras que es proporcional al colesterol ligado a lipoproteínas de alta densidad (cHDL) (33).

De igual modo, se ha revelado que las concentraciones bajas de adiponectina pueden predecir de forma independiente el desarrollo futuro de resistencia a la insulina y diabetes tipo 2 (30).

### 2.2.3. Receptores de adiponectina

En el año 2003, se logro clonar un posible candidato a partir de una librería de ADN copia (ADNC) de musculo esquelético. Se analizo el cDNA aislado y se vio que codificaba para una proteína que unía in vitro al fragmento globular de la adiponectina. A esta proteína se le denomino AdipoR1 (Figura 4).

Como se sospechaba la presencia de otro subtipo del receptor, se busco algún gen homologo en bases de datos genéticos. Se encontró un gen con 67% de homología al AdipoR1 y se le denomino AdipoR2

En estudios realizados en tejidos de ratón, se observo que AdipoR1 tiene una expresión ubicua, siendo este más abundante en musculo esquelético, y que el AdipoR2 se expresa principalmente en hígado (34).

Estos receptores son proteínas integrales de membrana, los cuales poseen 7 dominios transmembrana, siendo muy similares a la familia de receptores acoplados a proteína G, teniendo como diferencia la porción amino terminal interna y la carboxilo terminal externa (35).

### 2.2.4. Mecanismos de acción de la adiponectina

Se han descrito diferentes mecanismos por los cuales la adiponectina ejerce sus efectos. En hígado, aumenta la sensibilidad a insulina, aumenta la oxidación de ácidos grasos y reduce la producción hepática de la glucosa. Por otra parte la adiponectina estimula el uso de glucosa y la oxidación de ácidos grasos en el musculo, lo que lleva a una disminución en el contenido de triglicéridos, la cual podría contribuir a mejorar la transducción de señales del receptor de insulina (Figura 3).

En la pared vascular, la adiponectina inhibe la adhesión monocitaria mediante la disminución de la expresión de moléculas de adhesión, inhibe la transformación de macrófagos en células espumosas bloqueando la expresión de receptores y disminuye la proliferación de células en el musculo liso.

Además, la adiponectina aumenta la producción de oxido nítrico en células endoteliales y estimula la angiogénesis. Todos estos efectos son mediados a través del aumento de la fosforilación del receptor de insulina, la activación de AMPK, y la modulación de la vía del factor KB (36) (37).

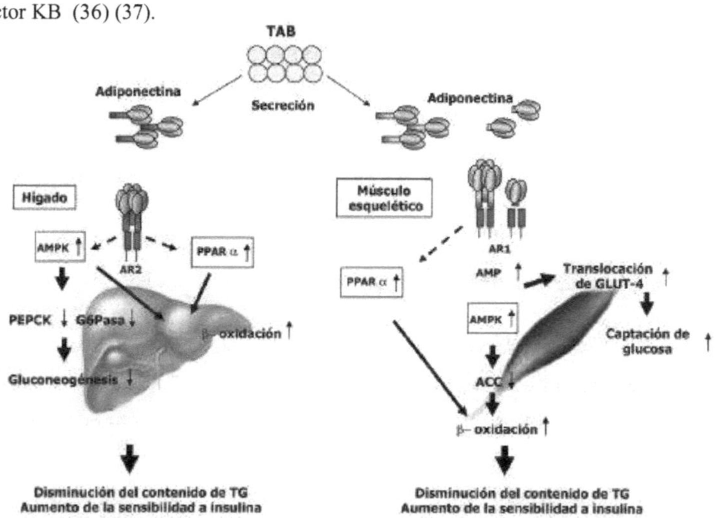


**Figura 3.** La adiponectina activa AMPK y PPARα en hígado y musculo esquelético. En musculo esquelético, la activación de AMPK esta mediada por la unión de AdipoR1 con la forma completa o globular de adiponectina, la cual provoca una estimulación de la fosforilación de acetil coenzima A carboxilasa (ACC), la oxidación de ácidos grasos y la captación de glucosa. La activación de PPARα, provoca también la estimulación de la oxidación de ácidos grasos y disminución del contenido de triglicéridos en el musculo. En el hígado, solo la forma completa de adiponectina, mediante la unión con AdipoR2, activa AMPK, reduciendo por lo tanto las moléculas implicadas en la gluconeogénesis y aumentando la fosforilación de ACC y oxidación de ácidos grasos. Como en musculo la adiponectina, activa también a PPARα en hígado, estimulando la oxidación de ácidos grasos y disminuyendo el contenido de triglicéridos. Todos estos cambios aumentan la sensibilidad a la insulina in vivo.

Fuente: Chandran y cols. 2003

## 2.3. Diabetes mellitus tipo 2

La Diabetes mellitus tipo 2 es la consecuencia final de la combinación de distintos defectos metabólicos; cada uno de éstos resulta, a su vez, de la interacción de factores determinantes genéticos y ambientales. Aunque se le considera como una sola enfermedad, se trata de un trastorno genéticamente heterogéneo con una expresión final común (38).

La aparición de diabetes tipo 2 está relacionada con la edad y los hábitos teniendo normalmente una prevalencia mayor en adultos a partir de 40 años con una vida sedentaria y, generalmente obesos. La diabetes tipo 2 se caracteriza por la aparición de resistencia a la insulina (39).

### 2.3.1. Diagnostico de Diabetes mellitus

En 1997 la American Diabetes Association (ADA) definió a la Diabetes mellitus, siendo estos los criterios actuales, por: 1) glucosa en ayunas ≥ 126 mg/dl; 2) glucosa plasmática no en ayunas ≥ 200 mg/dl, y 3) prueba de tolerancia a la glucosa oral ≥ 200 mg/dl en una muestra correspondiente a las 2 horas. Además, en el 2003 la ADA realiza modificaciones en los valores de glucosa para el diagnostico de "glucosa alterada" dependiendo si es identificada en ayunas o con pruebas de glucosa oral, siendo una cifra de 100 mg/dl de glucemia en ayunas como límite superior normal. Una glucemia en ayunas de 100-125 mg/dl se clasifica como "glucosa alterada en ayuno". Cuando los resultados de la prueba con glucosa oral oscilan entre 140 mg/dl y 199 mg/dl se clasifica como "prueba de tolerancia a la glucosa alterada", o prediabetes (40).

### 2.3.2. Patogénesis de la diabetes mellitus tipo 2

Los factores relacionados con el inicio y el desarrollo de la diabetes tipo 2 no son del todo conocidos. En realidad, la diabetes tipo 2 se trata de una patología heterogénea con una fuerte correlación entre factores ambientales y factores genéticos.

Entre los factores ambientales que influyen en el desarrollo de la diabetes tipo 2 se encuentran la obesidad, la poca actividad física y la edad. Además se deben considerar otros factores ambientales como el tipo de dieta y el estrés. Todos estos factores ambientales son los responsables de la mayor incidencia de esta enfermedad en las sociedades modernas.

En el desarrollo de la diabetes tipo 2 se deben tener en cuenta factores genéticos que dan susceptibilidad a la aparición de esta enfermedad. Se ha identificado una gran cantidad de genes relacionados con la susceptibilidad de padecer diabetes tipo 2, la mayoría de estos genes de susceptibilidad están relacionados con la secreción de insulina y su mecanismo de acción en los tejidos periféricos (41).

### 2.3.3. Resistencia a la insulina

La resistencia a la insulina es una anormalidad celular compleja que implica a varios órganos, especialmente al tejido adiposo, al hígado y al músculo esquelético, y que predispone a varios defectos metabólicos. De manera característica, la resistencia a la insulina precede en años al comienzo de la DM tipo 2 y suele acompañarse de otros factores de riesgo cardiovascular como la dislipidemia, la obesidad, la hipertensión y un estado protrombótico (42).

La insulina regula la homeostasis de la glucosa en diferentes tejidos. Reduce la producción de glucosa, disminuyendo la glucogenólisis y la gluconeogénesis a nivel hepático, y aumenta la captación de glucosa en la musculatura estriada, tejido adiposo e hígado. La insulina también afecta al metabolismo lipídico incrementando la síntesis de lípidos en hígado y tejido adiposo y atenuando la liberación de ácidos grasos a partir de triglicéridos en musculo y tejido adiposo.

Así pues, la resistencia a la insulina implica una menor capacidad de la hormona para ejercer sus efectos en los tejidos periféricos. Este mecanismo desencadena que la célula β pancreática intente compensar este defecto de función secretando mas insulina y provocando la hiperinsulinemia característica de esta enfermedad. Con el tiempo, las células β, responsables de la producción de insulina, pueden llegar a agotarse provocando una perdida casi total de la secreción de insulina y el establecimiento de una diabetes (39).

**2.4. Estudios relacionados con variantes en el gen de adiponectina y su asociación con la diabetes tipo 2 y/o resistencia a la insulina.**

En el año 2000, Takahashi y cols, en un estudio realizado a 219 japoneses buscaron clarificar la significancia de las variaciones genéticas en el gen de adiponectina sobre su concentración plasmática y la obesidad. Encontraron que aquellos sujetos portadores de una mutación en el nucleótido 383 localizado en el exón 3 mostraba relación con bajos niveles de adiponectina plasmática (24).

Vionnet y cols. en Francia realizaron un mapeo completo del genoma de 637 franceses blancos para realizar una búsqueda de genes de susceptibilidad a la diabetes tipo 2 utilizando marcadores microsatélites. Este estudio mostró evidencia de un nuevo locus de susceptibilidad para diabetes tipo 2 en franceses blancos localizado en el cromosoma 3 (43). Un estudio similar se realizó en Estados Unidos, Kissebah y cols. realizaron un mapa genético de 2,209 individuos caucásicos, demostrando que un locus de rasgo cuantitativo en el cromosoma 3 se encontraba fuertemente asociado con la sensibilidad a la insulina (6).

En el 2002, Mori y cols. (44) realizaron un trabajo similar a los dos anteriores donde al realizar un mapeo completo del genoma de pacientes japoneses con diabetes tipo 2, pudieron confirmar los genes de susceptibilidad en los cromosomas 3, 15 y 20.

En ese mismo año Hara, Vasseur y cols. publicaron la detección de 10 polimorfismos relativamente frecuentes en el gen de la adiponectina en dos grupos étnicos diferentes, japoneses y franceses (7) (45). De los 10 polimorfismos, solo 2 polimorfismos de un solo nucleótido en las posiciones 45 y 276 presentaban diferencias estadísticamente significativas entre pacientes con diabetes tipo 2 y controles sanos. Del mismo modo, se encontró asociación significativa entre el SNP276 y la resistencia a la insulina.

En el 2003, Waki y cols. reportaron 8 mutaciones con pérdida de sentido en el gen de adiponectina, algunas de ellas asociadas con la presencia de diabetes e hipoadiponectinemia (tabla 2) (29).

| *Mutación* | *Frecuencia (Nº de sujetos)* | *Fenotipo* |
|---|---|---|
| G84R | 1 Familia (3) | • Diabetes<br>• Hipoadiponectinemia |
| G90S | 0,52% | • Diabetes<br>• Hipoadiponectinemia |
| R92X | (1) | • Diabetes |
| Y111H | 1,56% | • Diabetes<br>• Hipoadiponectinemia |
| R112C | 0,46% | • Hipoadiponectinemia |
| I164T | 1,37% | • Diabetes<br>• Hipoadiponectinemia |
| R221S | 0,15% | - |
| H241P | 0,61% | - |

**Tabla 2.** Mutaciones reportadas en el gen de adiponectina.
Fuente: Waki y cols. 2003.

La investigación realizada por Waki y cols. se baso en el estudio de la formación de multímeros por las mutaciones, mediante electroforesis en condiciones no reductoras y no desnaturalizantes. Estos autores observaron que las mutaciones que exhibían alteraciones en la multimerización presentaban hipoadiponectinemia y diabetes tipo 2, mientras que las mutaciones que no mostraban alteraciones en la multimerización no las presentaban (29).

En el año 2004 Fillipi y cols. realizaron un estudio en Italia en 253 caucásicos no diabéticos, buscando la asociación entre SNP45 y SNP276 y la resistencia a la insulina. Ellos no encontraron ninguna relación con el SNP45, sin embargo descubrieron asociaciones positivas estadísticamente significativas entre el SNP276 y el IMC, la insulina y valores elevados de resistencia a insulina por el modelo HOMA, por lo cual sugieren la existencia de un posible efecto de la adiponectina sobre los parámetros de resistencia a la insulina y peso corporal (46).

En este mismo año Bacci y cols realizan un estudio en 376 diabéticos con y sin enfermedad coronaria, buscando si los polimorfismos 45 y 276 pudieran ser determinantes de enfermedad coronaria en pacientes diabéticos. Ellos no encontraron ninguna asociación con el SNP45, mientras que los homocigotos T/T del SNP276 mostraron menor riesgo a padecer enfermedad coronaria que los demás genotipos, por lo tanto ellos concluyen que el SNP276 es un determinante de riesgo de enfermedad coronaria en pacientes diabéticos (47).

En el 2005, Stefan y cols. analizaron 502 sujetos no diabéticos y encontraron seis variantes en el gen AdipoR1 y siete variantes en AdipoR2, de las cuales solamente dos polimorfismos de un solo nucleótidos en el gen para AdipoR1 se encontraron asociados con sensibilidad a insulina, el SNP -8503 G/A en la región promotora y SNP -1927 T/C en el intrón 1(48).

En ese mismo año, Damcott y cols. estudiaron una población Amish en Estados Unidos y detectaron 5 polimorfismos de un solo nucleótido para AdipoR1 y 16 para AdipoR2. Solamente 3 polimorfismos en el gen AdipoR1 presentaron una asociación significativa con diabetes tipo 2 y 5 polimorfismos en el gen AdipoR2 presentaron asociación con diabetes tipo 2 e intolerancia a la glucosa (49).

Hara y cols. realizaron un estudio similar analizando los polimorfismos del gen de AdipoR1 y AdipoR2 en una población japonesa. Sin embargo, en este estudio ninguno de los SNPs analizados estaba asociado con diabetes tipo 2 ni con resistencia insulínica (50).

En Canada, Berthier y cols. examinaron la relación entre los polimorfismos 45 T/G y 276 G/T en el gen de adiponectina y los niveles de adiponectina plasmática. Encontraron que aquellos portadores del alelo G de SNP45 tenían mayores concentraciones de adiponectina plasmática que aquellos portadores del alelo T de SNP45 (51).

González-Sánchez y cols. en España, realizaron un estudio similar donde encontraron que el alelo G de SNP45 y el genotipo G/G de SNP276 estaban asociados con la prueba alterada de tolerancia a la glucosa. De igual modo encontraron asociación del genotipo G/G del SNP276 con bajos niveles de adiponectina plasmática (52).

Lee y cols investigaron asociaciones entre los SNP45 y SNP276 en población coreana. Este estudio se llevo a cabo en 427 no diabéticos y 439 diabéticos, en los cuales no encontraron asociaciones en la distribución de genotipos con el riesgo de diabetes tipo 2 y parámetros metabólicos de resistencia a insulina, por lo cual ellos concluyen que estos polimorfismos pudieran no ser determinantes importantes de diabetes mellitus tipo 2 o de resistencia a la insulina en población coreana (53).

En un trabajo similar realizado en Austria a 1,745 individuos caucásicos sanos, en el 2006, Mackevics y cols. encontraron una asociación del SNP45 T/G y el SNP276 G/T con bajos niveles de adiponectina plasmática, sin embargo no se encontró asociación con la resistencia a la insulina (54).

En el 2006, Richardson y cols realizan un estudio en sujetos mexico-americanos, ellos examinan 59 polimorfismos en los genes ADIPOQ, ADIPOR1 y ADIPOR2 en 439 sujetos, de los cuales 116 son diabéticos. En este estudio se busco la influencia de los polimorfismos en el incremento a la susceptibilidad de los componentes del Síndrome de Resistencia a la Insulina. Los resultados reportados no muestran asociaciones significativas de ningún polimorfismo con la diabetes mellitus tipo 2 (55).

Vaxillaire y cols. estudiaron 1498 sujetos caucásicos, investigaron 5 polimorfismos de un solo nucleótido del gen del AdipoR1 y 12 polimorfismos del gen AdipoR2. Solamente un

SNP, localizado en el intrón 6 del gen AdipoR2, mostró asociación con diabetes tipo 2 (56).

Mousavinasab y cols en el 2006 analizaron la asociación de los polimorfismos 45 y 276 con las concentraciones plasmáticas de adiponectina y los factores de riesgo asociados a la resistencia a la insulina en 252 hombres finlandeses. Ellos encuentran que en aquellas personas con el genotipo T/T para el SNP276 los niveles de adiponectina y de presión sanguínea diastólica se encuentran más elevados que en sujetos con los otros genotipos. De igual modo, encuentran que existe una interacción entre los triglicéridos y el SNP276 demostrando asociación estadísticamente significativa ($p= 0.009$). En aquellos sujetos con el genotipo T/T descubren que el aumento de triglicéridos se encuentra relacionado con la disminución de la adiponectina, lo cual no es observado en ningún otro genotipo. Mientras tanto, el SNP45 no se relaciono con las concentraciones de adiponectina, sin embargo se muestra una tendencia en el aumento del HDL colesterol en sujetos con genotipo T/T (57).

En este mismo año, Jang y cols realizan un estudio en 333 hombres coreanos no obesos y no diabéticos donde buscan determinar si los polimorfismos 45 y 276 contribuyen a la resistencia a la insulina y a enfermedades cardiovasculares. Ellos reportan que el genotipo T/T del SNP276 muestra concentraciones más bajas de glucosa y niveles más altos de LDL colesterol que los genotipos G/G y G/T; del mismo modo, en el límite de la significancia ($p=0.048$) el genotipo T/T muestra una menor resistencia a la insulina por el modelo HOMA que los otros genotipos. Por otro lado el SNP45 únicamente muestra resultados significativos en los niveles de glucosa, siendo ésta más baja en aquellos sujetos portadores del alelo G ($p=0.005$). Jang y cols concluyen que el SNP276 se encuentra mayormente asociado con algunos componentes del síndrome metabólico y riesgo de enfermedades cardiovasculares, incluyendo la resistencia a la insulina, triglicéridos y LDL colesterol (58).

En el 2009 Wang y cols reportan un estudio realizado a 985 diabéticos y 1050 sujetos sanos, buscando la asociación de 11 polimorfismos de un solo nucleótido diferentes con la diabetes mellitus tipo 2 en población china y ellos describen que no encuentran asociación alguna entre estos polimorfismos y la enfermedad. (59)

En Irán, Mohammadzadeh y cols intentan buscar una asociación entre el SNP45 y el SNP276 con los niveles de adiponectina sérica y el riesgo de DMII en pacientes obesos. Ellos observan que la obesidad y la diabetes están asociadas con niveles más bajos de adiponectina sérica. De igual modo, reportan que el alelo G de SNP45 se encuentra de manera más frecuente que el alelo T en pacientes con DMII, por lo que los portadores de este alelo muestran un riesgo incrementado (OR= 2.574, p=0.036). Sin embargo, no encontraron asociaciones con el SNP276 (60).

Melistas y cols, realizaron un estudio en 349 mujeres griegas sanas, buscando la asociación entre SNP45 y SNP276 con la resistencia a la insulina y marcadores de obesidad como lo son las variables de composición corporal y lipoproteínas. Ellos reportan una asociación del SNP276 con mayores niveles de insulina y resistencia a insulina por el modelo HOMA (p= 0.01 y p= 0.009, respectivamente). Por lo cual, concluyen que estas variables pueden contribuir al desarrollo de resistencia a la insulina en personas sanas (61).

Hwang y cols en el 2010, en Korea, buscan la asociación del SNP276 con el riesgo de Síndrome Metabólico en pacientes diabéticos. Ellos reportan que aquellos portadores del alelo T tienen un mayor riesgo de desarrollar síndrome metabólico en coreanos diabéticos (OR= 2.071; 95% IC= 1.088-3.943), por lo cual sugieren que el SNP276 puede ser un contribuidor genético independiente de síndrome metabólico en pacientes diabéticos coreanos (62).

# 3. JUSTIFICACIÓN

Sin duda alguna, la diabetes mellitus tipo 2 es un problema de salud pública. En México la diabetes es la principal causa de mortalidad, afectando esta en mayor medida a los habitantes de los estados del norte del país.

Se calcula que en el mundo existen más de 285 millones de personas con diabetes y se espera que alcance los 438 millones en el 2030.

La población mexicana con diabetes fluctúa entre los 6.5 y 10 millones, con una prevalencia nacional de 10.1% en personas entre 20 y 79 años de edad.

En 1995, había 3.8 millones de adultos con DM tipo 2, cifra que en 1997 se incremento a 4 millones, en el 2000 se considera que existían cerca de los 4.5 millones de diabéticos. Desde entonces, el país se ha ubicado dentro de las 10 naciones con mayor número de personas con esta enfermedad. Para el año 2030, de acuerdo a esta tendencia, se estima ocupar el 7° sitio a nivel mundial (63).

Estudios previos han demostrado que variaciones en el gen que codifica para la adiponectina se encuentran relacionadas directamente con la aparición de diabetes mellitus tipo 2 y resistencia a la insulina. Sin embargo, estos estudios han sido ampliamente analizados en población asiática y caucásica, y actualmente no se tienen reportes de estudios similares en nuestro país.

Por lo tanto, es importante determinar las variaciones genéticas asociadas con esta enfermedad en población mexicana, lo cual nos permitirá identificar un posible factor de susceptibilidad al desarrollo de la diabetes en nuestra población.

# 4. OBJETIVOS

## 4.1 OBJETIVO GENERAL

Determinar la relación entre la resistencia a la insulina y las variaciones genéticas en el gen de adiponectina en pacientes con diabetes mellitus tipo 2 y un grupo control de pacientes sanos.

## 4.2 OBJETIVOS PARTICULARES

1. Identificar a los dos grupos de pacientes por medio de la evaluación clínica (antecedentes familiares, personales, datos de exploración física) y la evaluación con los exámenes de laboratorio clínico.
2. Detección de los polimorfismos 45 y 276 mediante el procesamiento de muestras obteniendo DNA genómico y productos amplificados.
3. Conocer y comparar las frecuencias alélicas de los SNP45 y SNP276 entre el grupo de pacientes diabéticos y el grupo control.
4. Determinar la asociación entre la presencia de los SNP45 y SNP276 y la resistencia a la insulina en los dos grupos de estudio.
5. Determinar la asociación de los genotipos y haplotipos con la diabetes, la resistencia a la insulina y con los datos antropométricos.

# 5. MATERIALES Y METODOS

## 5.1. Población y tipo de estudio

Estudio de casos y controles en el que participan un grupo de pacientes con diabetes mellitus tipo 2 con cifras de glucosa iguales o mayores a 126 mg/dL y un grupo control sano y sin antecedentes familiares de la enfermedad entre 30 y 70 años de edad.

A todos los pacientes se les invito a participar por medio de una campaña de control de sobrepeso y obesidad. Todos los invitados a participar fueron seleccionados por medio de una historia clínica (ANEXO 2), previo consentimiento informado (ANEXO 1).

## 5.2. Historia Clínica

Se tomaron por escrito los datos generales del paciente como la edad, sexo, lugar de nacimiento, antecedentes heredofamiliares, personales patológicos y no patológicos y los datos de exploración física, entre los que se incluyen:

*Antropometría:* Medición de cintura, cadera, con estos datos obtener el índice cintura/cadera (I C/C), talla y peso para calcular el IMC.

a) La circunferencia de cintura se midió con cinta métrica en un punto medio entre la arcada costal inferior y cresta iliaca superior a nivel de la línea axilar anterior.
b) La cadera se midió con una cinta métrica.
c) La talla y peso se midió con una balanza

*Cálculo del Índice de Masa Corporal (IMC).* La clasificación de obesidad se indica en función del Índice de Masa Corporal, que se define como la relación entre el peso en kilogramos y la altura en metros al cuadrado.

$$IMC = peso\ (kg)/altura^2\ (m^2)$$

Se considera que:

IMC = 18.5: Bajo peso
IMC = 18.5-24.9: Peso aceptable.
IMC = 25-29.9: Sobrepeso
IMC > 30: Obesidad
IMC > 35: Obesidad severa
IMC > 40: Obesidad mórbida
IMC > 50: Súper obesidad

Fuente: IFSO, 2010

Esta clasificación se encuentra universalmente aceptada por la Federación Internacional para la Cirugía de Obesidad y Desordenes Metabólicos y es utilizada con frecuencia en los estudios epidemiológicos.

*Toma de presión arterial.* Al paciente sentado con el brazo apoyado a nivel del corazón, se tomó la presión arterial y el pulso, con un baumanómetro debidamente calibrado.

## 5.3 Criterios de Inclusión

- Población abierta de 30 a 70 años de edad.
- Pacientes diabéticos con una glucosa sérica en ayuno con cifras de glucosa igual o mayor a 126 mg/dL.
- Se incluyo en el grupo control a los pacientes sin criterios diagnósticos de diabetes y sin antecedentes familiares de la enfermedad.

## 5.4. Análisis de Diagnóstico Clínico

A los participantes se les indicó que acudieran con 12 horas de ayuno, para determinar la glucosa sérica, colesterol total, HDL colesterol, VLDL, LDL y triglicéridos. Se tomaron 10 ml de sangre venosa en un tubo sin anticoagulante, las muestras fueron procesadas con el equipo semiautomatizado Microlab100 y se mantuvieron en congelación a -20°C para su posterior determinación de insulina por método de Radioinmunoanálisis (RIA) (ANEXO 3), el cual fue realizado en el "hospital Infantil de Tamaulipas" en Cd. Victoria, Tam.

Para calcular la resistencia a la insulina se utilizo el modelo HOMA [insulina en ayuno (μU/ml) x glucosa en ayuno (mmol/L)/22.5]. Considerando resistencia a la insulina en pacientes cuando los valores del índice son superiores a 2.6.

## 5.5 Análisis de ADN

La extracción de ADN se realizó a partir de sangre completa mediante lisis con buffer TSNT y extracción con fenol-cloroformo (ANEXO 4). El ADN se resuspendió en TE 1X y para cada paciente se llevo a cabo dos extracciones de ADN. La calidad del ADN se determino mediante su cuantificación por la relación 260/280 obtenida por espectrofotometría de UV.

Para la detección de polimorfismos, a partir de cada muestra de ADN se amplificaron dos regiones, una para cada polimorfismo a estudiar. La región del polimorfismo 45 T>G se amplifico con los iniciadores F- GAA GTA GAC TCT GCT GAG ATG G, R- TAT CAG TGT AGG AGG TCT GTG ATG a una temperatura de alineamiento de 56.7°C para obtener un producto de 372 pb. Este producto fue sometido a una reacción de digestión con la enzima Sma1 a 25°C por 4 horas, para que en presencia del alelo G se generen dos bandas, una de 219 y otra de 153 pb, y en presencia del alelo T se mantenga intacto el amplicón de 372 pb. Para amplificar la región de polimorfismo 276 G>T se utilizaron los iniciadores F- GGC CTC TTT CAT CAC AGA CC, R- AGA TGC AGC AAA GCC AAA GT a una temperatura de alineamiento de 56.7°C para generar un amplicón de 196 pb. Para detectar los polimorfismos, el amplicón se sometió a una reacción de digestión con la enzima de restricción BsmI a 65°C por 4 horas, y en presencia del alelo G se obtuvieron dos bandas, una de 148 y otra de 48 pb, mientras que en presencia del alelo T se mantuvo intacta la banda de 196 pb (64).

### 5.6. Análisis estadístico

Todos los datos se capturan en Excel y se importan al programa estadístico Statistica versión 7.0 para su análisis.

Las variables continuas como edad, peso, talla, presión arterial y datos de laboratorio son reportadas en media y desviación estándar.

Se determino la distribución de estas variables por medio de la prueba Kolmorogov-Smirnov y Lilliefors, aquellas que mostraron una distribución normal fueron sometidas a la prueba estadística t de student para buscar las diferencias entre grupos de pacientes diabéticos y grupo control, cuando no se encontró una distribución normal en las variables, se utilizó la prueba U de Mann Whitnney. Se utiliza el análisis de Chi cuadrada para asociar la presencia de los polimorfismos con la resistencia a la insulina y la presencia o ausencia de diabetes. El análisis de regresión logística se utilizo para evaluar el riesgo relativo (Odds Ratio) identificando la susceptibilidad o resistencia que confieren los polimorfismos sobre la resistencia a la insulina y/o la diabetes. Se utilizó la prueba Anova para determinar las diferencias en las variables antropométricas y de laboratorio entre los diferentes genotipos y haplotipos de los SNP 45 y SNP 276, realizando un análisis Post hoc LSD para definir entre que grupos se encuentran dichas diferencias.

En todos los casos se considero la asociación o se demostraron diferencias estadísticamente significativas entre grupos cuando el valor de p fue igual o menor a 0.05.

# 6. RESULTADOS

Se estudio un total de 210 sujetos, de los cuales 142 pertenecen al grupo de pacientes con Diabetes Mellitus tipo 2 y 68 al grupo control. Estos datos se muestran en el siguiente gráfico (Gráfico 1).

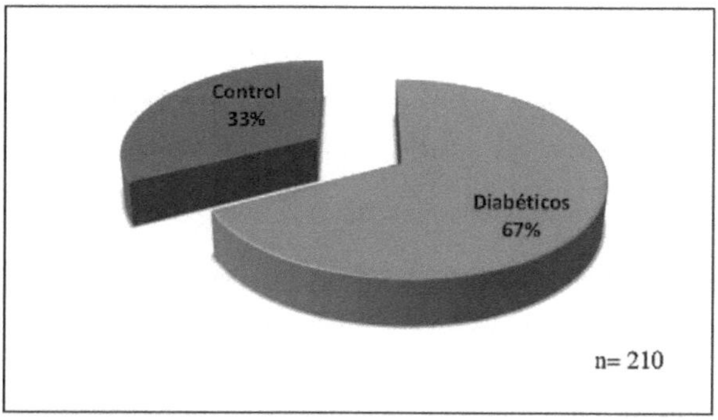


**Grafico 1.** Grupo total de estudio

El 46% de la población estudiada son originarios del estado de Tamaulipas, el 13% son provenientes del estado de Veracruz, mientras que el 9% y el 7% son nacidos en los estados de Nuevo León y San Luis Potosí, respectivamente.

La mayoría de los pacientes diabéticos refiere un tratamiento combinado, el 43% toma glibenclamida con metformina, mientras que el 23% y 20% toman dichos medicamentos por separado, respectivamente; el 11% de los diabéticos menciona no tener ningún medicamento indicado para el control de su enfermedad. A pesar de esto, el 69% de los pacientes presentan un descontrol metabólico, mostrando cifras de glucosa $\geq 140$ mg/dL.

El 35% de los diabéticos mencionan tener dislipidemias diagnosticadas aunque solamente el 11% se encuentran bajo un tratamiento farmacológico. Sin embargo, los resultados obtenidos revelan que el 98% de los casos presentan esta patología.

El 42% de los pacientes diabéticos indica tener problemas visuales, de los cuales, el 15% refiere que estos problemas aparecieron debido a su padecimiento. Alrededor del 25% de la población diabética, menciona tener sintomatología frecuente como la polaquiuria, nicturia, polifagia, polidipsia, cefalea, mareos y tinitus.

Del total de la población estudiada el 77.9% son mujeres y 22.1% son hombres, de los cuales se encontró que el 15.79% de los hombres presentan diabetes mellitus tipo 2 y el 51.6% de las mujeres, sin diferencias estadísticamente significativas entre géneros, p= 0.483 (Gráfico 2).

El 36.68% de la población estudiada presentó obesidad con un IMC igual o mayor a 30, mientras que el 63.32% no la presentó (Gráfico 3).

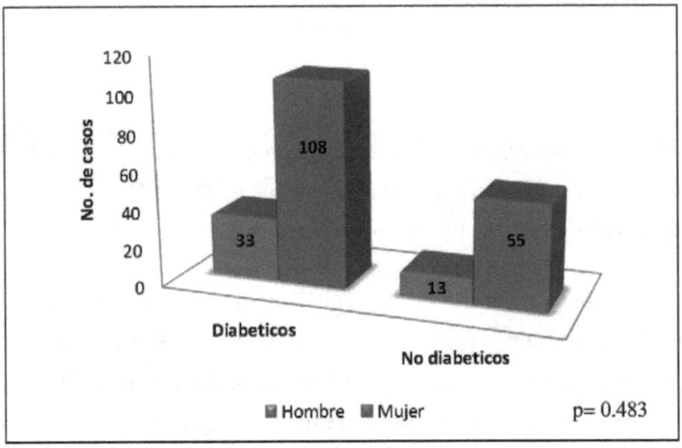


**Gráfico 2.** Distribución de casos y controles de acuerdo al sexo.

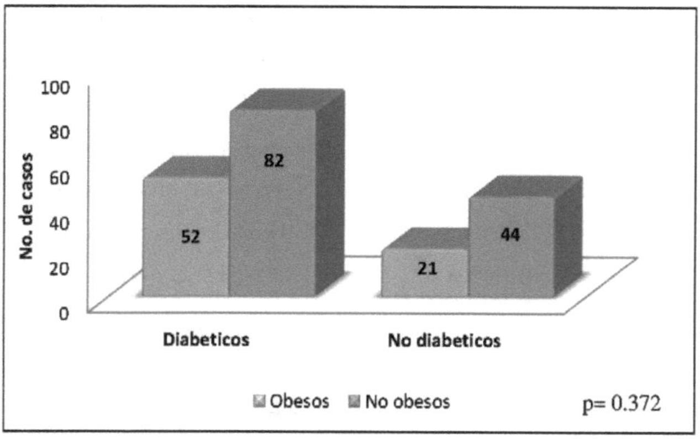


**Gráfico 3**. Distribución de obesidad en casos y controles.

En la tabla 3 se muestran los datos antropométricos de ambos grupos de estudio, encontrando diferencias estadísticamente significativas en la edad, el perímetro de cintura, el índice cintura/cadera y la presión sanguínea. Estas cifras se encuentran más elevadas en el grupo de pacientes diabéticos que en el grupo control.

| Variable | Diabéticos (n) Media ± D.E | No diabéticos (n) Media ± D.E. | p |
|---|---|---|---|
| **Edad (años)** | (141) 52.2 ± 9.0 | (68) 44.7 ± 8.0 | **0.0000** |
| IMC | (134) 29.3 ± 5.8 | (65) 28.6 ± 4.4 | 0.3993 |
| **Cintura (cm)** | (134) 99.2 ± 12.0 | (65) 93.0 ± 9.6 | **0.0003** |
| Cadera (cm) | (132) 107.9 ± 11.7 | (64) 107.1 ± 10.3 | 0.6437 |
| **Índice c/c** | (132) 0.9 ± 0.06 | (64) 0.8 ± 0.06 | **0.0000** |
| FC | (132) 75.8 ± 12.4 | (65) 73.1 ± 10.2 | 0.1424 |
| **TA sistólica (mmHg)** | (134) 139.8 ± 30.0 | (67) 119.7 ± 25.8 | **0.0000** |
| TA diastólica (mmHg) | (134) 79.4 ± 14.2 | (67) 74.9 ± 15.7 | **0.0426** |

**Tabla 3.** Datos antropométricos y de la presión arterial sistémica entre casos y controles.

En la tabla 4 se muestran los resultados de los datos de laboratorio de casos y controles evaluados donde se observa que hay diferencias estadísticamente significativas en la glucosa, colesterol, triglicéridos, insulina y el índice de resistencia a la insulina obtenido por el método HOMA ($p<0.05$). Para el grupo de los pacientes diabéticos estos parámetros se encontraron más elevados. Debido a que no se encontró una distribución normal al aplicar la prueba Kolmorogov-Smirnov y Lilliefors en los parámetros de glucosa, HDL, VLDL, triglicéridos e insulina por lo que se utilizo la U de Mann Whitnney.

| Variable | Diabéticos (n) Media ± D.E | No diabéticos (n) Media ± D.E. | p |
|---|---|---|---|
| Glucosa (mg/dL) | (139) 182.8 ± 82.9 | (68) 104.3 ± 35.4 | **0.000*** |
| Colesterol (mg/dL) | (139) 215.1 ± 80.5 | (66) 191.3 ± 51.0 | **0.0291** |
| HDL (mg/dL) | (140) 47.9 ± 27.3 | (66) 49.3 ± 33.9 | 0.7530* |
| LDL (mg/dL) | (135) 126.0 ± 65.4 | (65) 112.4 ± 49.7 | 0.1386 |
| VLDL (mg/dL) | (139) 44.8 ± 31.8 | (66) 42.5 ± 46.7 | 0.0923* |
| Triglicéridos (mg/dL) | (140) 228.9 ± 164.3 | (66) 176.3 ± 125.0 | **0.0142*** |
| FRC | (138) 5.4 ± 2.8 | (66) 4.9 ± 2.7 | 0.2578 |
| Insulina (μU/ml) | (141) 18.8 ± 11.9 | (67) 13.7 ± 9.1 | **0.0008*** |
| HOMA-IR | (141) 8.2 ± 6.0 | (67) 3.6 ± 3.6 | **0.0000** |

**Tabla 4.** Datos de Laboratorio entre casos y controles.
*Diferencias demostradas por medio de la prueba U de Mann Whitnney

## 6.1 Estandarización de la PCR para la amplificación del SNP45

Una vez concluida la estandarización se realizó PCR de todas las muestras, empleando las condiciones óptimas determinadas. Las cantidades y reactivos utilizados se muestran en la tabla 5.

| Reactivos | Cantidad |
|---|---|
| **Buffer 10x** | 2.5 μL |
| **$MgCl_2$ 25 mM** | 2.0 μL |
| **dNTPs 10mM** | 0.5 μL |
| **45F- 10mM** | 0.5 μL |
| **45R- 10mM** | 0.5 μL |
| **DNA polimerasa** | 0.25 μL |
| **Agua estéril** | 16.75 μL |
| **DNA genómico** | 2.0 μL |

**Tabla 5**. Cantidades óptimas para amplificación SNP45

Las condiciones de amplificación se muestran en la tabla 6:

| | Temperatura (°C) | Tiempo (min) |
|---|---|---|
| **Desnaturalización inicial** | 95 | 5:00 |
| **Desnaturalización** | 95 | 1:00 |
| **Alineamiento** | 56.7 | 0:45 |
| **Extensión** | 72 | 0:45 |
| **Extensión final** | 72 | 5:00 |

**Tabla 6**. Condiciones óptimas para amplificación SNP45

Este proceso fue realizado durante 35 ciclos, y se llevo a cabo en el termociclador Multigene Labnet. Los productos de la PCR se analizaron por electroforesis en gel de agarosa al 2% teñido con bromuro de etidio y visualizados en el transiluminador de luz UV (Figura 4 y 5).

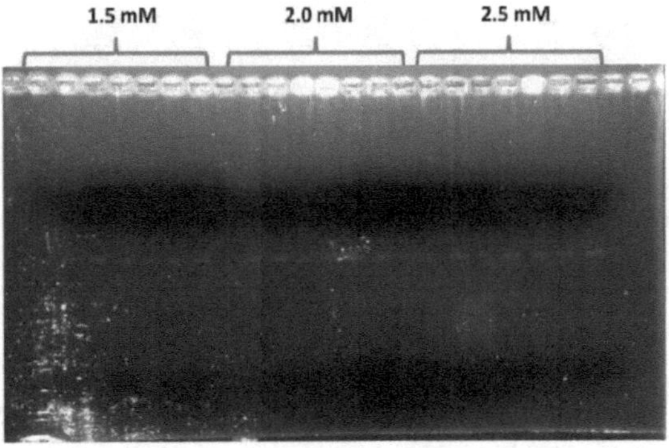


**Figura 4.** Gel agarosa 2%. Estandarización de concentraciones de $MgCl_2$ para SNP45

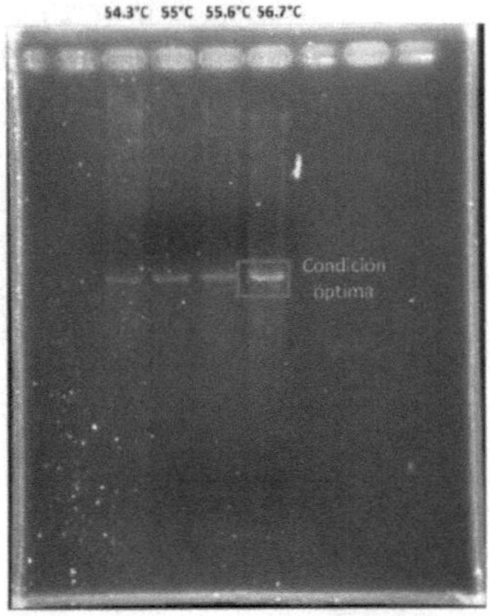


**Figura 5.** Gel agarosa 2%. Estandarización de temperaturas para SNP45

## 6.2 Amplificación del SNP45 en las muestras de estudio

En la figura 6 se muestra un gel representativo con muestras de estudio donde se observa claramente el producto amplificado siendo los iniciadores específicos y generando amplicones únicos de 372 pb.

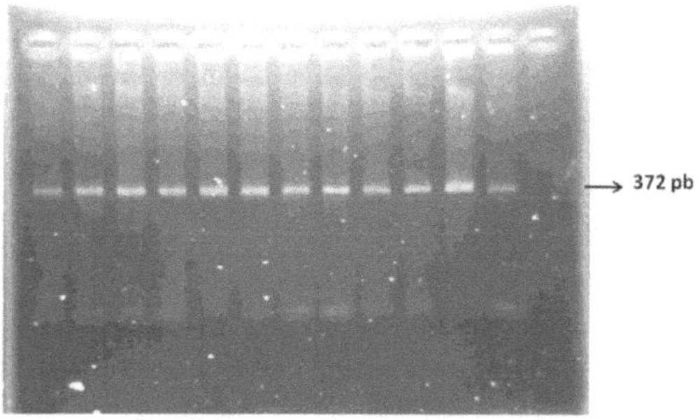


**Figura 6.** Gel agarosa 2%. Amplificación de muestras de estudio para SNP45

## 6.3 Detección de Polimorfismos mediante la técnica de Polimorfismos en la Longitud de los Fragmentos de Restricción (RFLP)

En la figura 7 se muestra un gel representativo con muestras de estudio donde se observa el corte de la enzima en presencia del alelo G formando 2 bandas de 219 y 153 pb, mientras que en presencia del alelo T la enzima no forma cortes dejando la banda intacta de 372 pb.

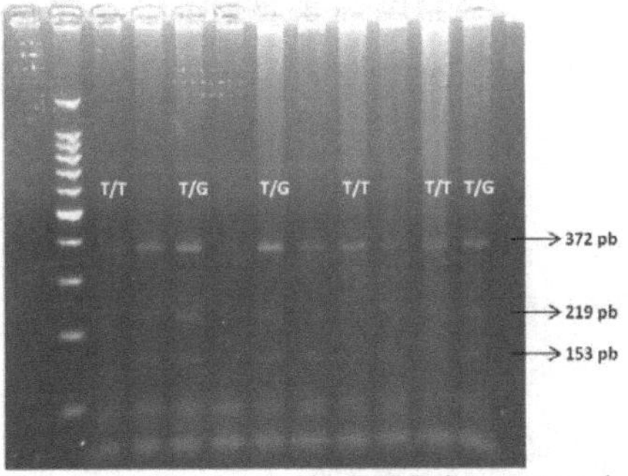


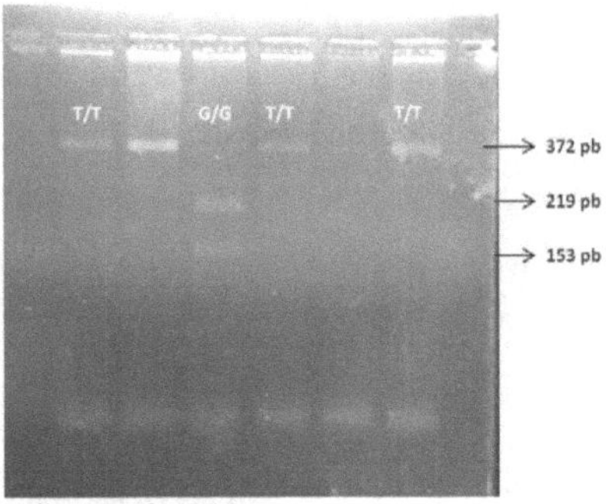


**Figura 7.** Gel agarosa 2%. RFLP de muestras de estudio para SNP45.

La distribución de genotipos se encontró en equilibro Hardy Weinberg, siendo el alelo T el que se encuentra en mayor frecuencia, tanto en diabéticos como en los sujetos sanos (Tabla 7).

| Población | Alelo A | Alelo a |
|---|---|---|
| Diabéticos | 0.922 | 0.077 |
| No diabéticos | 0.808 | 0.191 |

**Tabla 7.** Frecuencias alélicas para el SNP45

En el gráfico 4 se muestra la distribución del polimorfismo 45 en los dos grupos de estudio, del total de sujetos estudiados solamente el 20% presentó el polimorfismo, de los cuales el 9% son diabéticos y el 11% sujetos sanos, mostrando diferencias estadísticamente significativas entre grupos (p= 0.00019, OR= 0.266; 95% IC= 0.131-0.538).

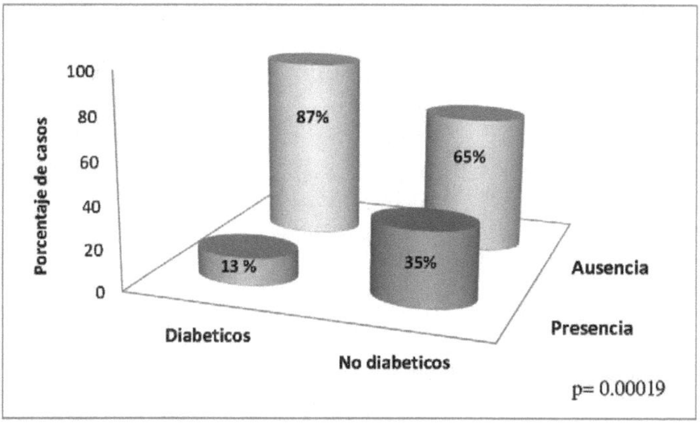


**Gráfico 4.** Distribución de polimorfismos (SNP45) en el grupo total de estudio.

En la tabla 8 se muestran los datos antropométricos y de laboratorio de los portadores del alelo T y del alelo G para la variante 45, donde se pueden observar diferencias estadísticamente significativas en la media de la presión arterial sistólica y diastólica, en la glucosa y en las lipoproteínas como el LDL, las cuales se encuentran disminuidas en aquellos portadores del alelo polimórfico, mientras que el VLDL y los triglicéridos se encuentran aumentados en estos sujetos.

| Variable | Portadores alelo T<br>(n) Media ± D.E. | Portadores alelo G<br>(n) Media ± D.E. | p |
|---|---|---|---|
| **IMC** | (164) 29.4 ± 6.0 | (38) 28.7 ± 4.2 | 0.504 |
| **Cintura (cm)** | (164) 97.9 ± 12.3 | (38) 94.1 ± 9.8 | 0.075 |
| **Cadera (cm)** | (162) 107.7 ±12.4 | (38) 105.3 ± 9.4 | 0.267 |
| **Índice c/c** | (162) 0.90 ±0.06 | (38) 0.89 ± 0.07 | 0.254 |
| **FC** | (162) 76.9 ± 11.2 | (36) 76.1 ± 21.4 | 0.755 |
| **TA sistólica (mm Hg)** | (166) 141.1 ± 32.6 | (38) 117.4 ± 33.7 | **0.000** |
| **TA diastólica (mm Hg)** | (166) 79.6 ± 15.7 | (38)72.2 ± 20.0 | **0.014** |
| **Glucosa (mg/dL)** | (168) 166.9 ±89.6 | (40) 130.6 ± 68.3 | **0.017** |
| **FRC** | (166) 5.03 ± 2.3 | (42) 4.7 ± 3.2 | 0.450 |
| **Colesterol (mg/dL)** | (166) 220.4 ± 90.1 | (42) 195.0 ± 76.3 | 0.095 |
| **HDL (mg/dL)** | (166) 50.0 ± 21.3 | (42) 57.6 ± 50.1 | 0.133 |
| LDL (mg/dL) | (162) 133.2 ± 73.8 | (40) 102.7 ± 50.4 | **0.014** |
| VLDL (mg/dL) | (166) 40.6 ± 26.7 | (42) 73.6 ± 74.0 | **0.000** |
| **Triglicéridos (mg/dL)** | (166) 203.3 ± 133.9 | (42) 255.6 ± 200.6 | **0.044** |
| **Insulina (µU/ml)** | (166) 15.8 ± 9.02 | (42) 16.1 ± 10.1 | 0.809 |
| HOMA-IR | (166) 6.8 ± 5.3 | (40) 5.1 ± 4.5 | 0.076 |

**Tabla 8.** Datos antropométricos y de laboratorio entre portadores del alelo G y el alelo T del SNP45.

En el grupo de pacientes diabéticos, se encontró una asociación entre la presencia del polimorfismo SNP45 y un aumento en la frecuencia cardiaca y niveles de insulina plasmática (p= 0.030, OR= 1.032 [95% IC= 0.999-1.065]; p= 0.047, OR= 1.044 [95% IC= 0.999-1.09] respectivamente).

Se observó una asociación entre el SNP45 y el colesterol HDL en los pacientes que presentaban obesidad, mostrando aquellos portadores del polimorfismo niveles aumentados en comparación con los que no portan el alelo mutado (p= 0.026, OR= 1.014; 95% IC= 0.999-1.030).

En el grupo total de mujeres se muestra una asociación de la presencia del polimorfismo SNP45 con valores disminuidos del perímetro de cintura (p=0.039, OR=0.963; 95% IC= 0.928-1.000).

En el grupo de pacientes diabéticos, el genotipo T/T es el de mayor prevalencia con un 87%, al igual que en el grupo control que se encuentra en un 64%, sin embargo en este grupo el genotipo T/G se encuentra en mayor porcentaje que en el grupo de pacientes diabéticos, por lo que se muestran diferencias estadísticamente significativas entre los dos grupos (p= 0.0002) (Gráfico 5).

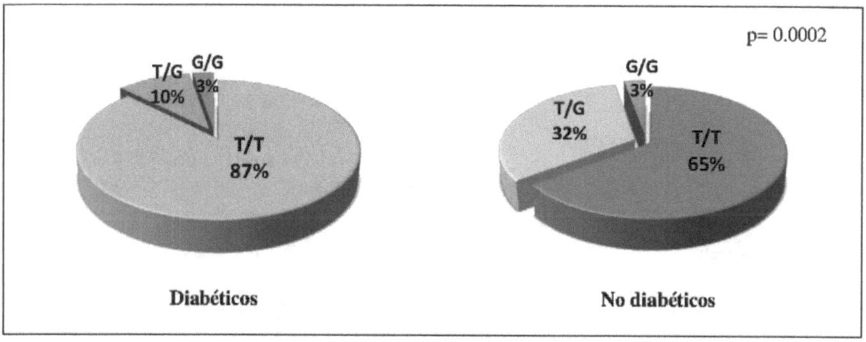


**Gráfico 5.** Distribución de genotipos SNP45 entre casos y controles.

En la tabla 9 se muestran los datos antropométricos y de laboratorio de los portadores de los tres posibles genotipos para el SNP45, mostrando diferencias estadísticamente significativas en la frecuencia cardiaca entre los tres genotipos, la presión arterial sistólica y diastólica entre el genotipo T/T y T/G y el genotipo T/T y G/G, siendo esta más elevada en el genotipo T/T. También se muestran diferencias significativas entre los valores de glucosa entre los genotipos T/T y T/G, el factor de riesgo coronario entre el genotipo G/G y T/G y el genotipo G/G y T/T, los valores de HDL, LDL y VLDL muestran diferencias entre los genotipos T/T y T/G, así como los triglicéridos mostrando diferencias entre los genotipos

G/G y T/G y el genotipo G/G y T/T, mostrando un valor más elevado en presencia del genotipo G/G (Post hoc LSD, p<0.05). Por último se muestran diferencias estadísticamente significativas en los valores del HOMA-IR entre los genotipos T/G y G/G, mostrando este ultimo una mayor resistencia a la insulina.

| Variable | Genotipo TT (n) Media ± D.E. | Genotipo TG (n) Media ± D.E. | Genotipo GG (n) Media ± D.E. | p |
|---|---|---|---|---|
| **IMC** | (164) 29.4 ±6.07 | (32) 29.1 ± 4.5 | (6) 26.3 ± 1.6 | 0.449 |
| **Cintura (cm)** | (164) 97.9 ± 12.3 | (32) 94.6 ± 9.8 | (6) 91.0 ± 9.9 | 0.162 |
| **Cadera (cm)** | (162) 107.7 ± 12.4 | (32) 106.2 ± 9.8 | (6) 100.3 ± 4.4 | 0.292 |
| **I c/c** | (162) 0.90 ± 0.06 | (32) 0.89 ± 0.07 | (6) 0.90 ± 0.07 | 0.479 |
| **FC** | (162) 76.9 ± 11.2 | (30) 71.2 ± 9.1 | (6) 101.0 ± 43.1 | **0.000**° |
| **TA sistólica (mm Hg)** | (166) 141.1 ± 32.6 | (32) 118.8 ± 36.1 | (6) 110.0 ± 15.9 | **0.000**[1,2] |
| **TA diastólica (mm Hg)** | (166) 79.6 ± 15.7 | (32) 73.3 ± 21.0 | (6) 66.1 ± 13.7 | **0.031**[1,2] |
| **Glucosa (mg/dL)** | (168) 166.9 ± 89.6 | (34) 126.2 ± 70.9 | (6) 155.6 ± 49.05 | **0.044**[1] |
| **FRC** | (166) 5.03 ± 2.3 | (36) 4.1 ± 2.7 | (6) 7.9 ± 3.9 | **0.002**[2,3] |
| **Colesterol (mg/dL)** | (166) 220.4 ± 90.1 | (36) 185.4 ± 66.9 | (6) 252.8 ± 108.08 | 0.054 |
| **HDL (mg/dL)** | (166) 50.0 ± 21.3 | (36) 61.6 ± 53.2 | (6) 33.7 ± 5.5 | **0.031**[1] |
| **LDL (mg/dL)** | (162) 133.2 ± 73.8 | (34) 97.0 ± 46.0 | (6) 135.2 ± 66.2 | **0.023**[1] |
| **VLDL (mg/dL)** | (166) 40.6 ± 26.7 | (36) 71.9 ± 76.4 | (6) 83.8 ± 63.1 | **0.000**[1] |
| **Triglicéridos (mg/dL)** | (166) 203.3 ± 133.9 | (36) 228.4 ± 166.0 | (6) 419.2 ± 315.6 | **0.001**[2,3] |
| **Insulina (µU/ml)** | (166) 15.8 ± 9.0 | (36) 15.5 ± 8.9 | (6) 19.8 ± 16.2 | 0.564 |
| **HOMA-IR** | (166) 6.8 ± 5.3 | (34) 4.5 ± 3.07 | (6) 8.7 ± 8.8 | **0.040**[3] |

**Tabla 9.** Datos antropométricos y de laboratorio de los genotipos del SNP45

° Diferencias entre los tres genotipos. [1]Diferencias entre los genotipos TT y TG. [2] Diferencias entre los genotipos TT y GG. [3] Diferencias entre los genotipos TG y GG. Prueba de Post hoc LSD (p<0.05).

### 6.4 Estandarización de la PCR para la amplificación del SNP276

Una vez concluida la estandarización se realizó PCR de todas las muestras, empleando las condiciones óptimas determinadas. Las cantidades y reactivos utilizados se muestran en la tabla 10.

| Reactivos | Cantidad |
|---|---|
| Buffer 10x | 2.5 µL |
| $MgCl_2$ 25 mM | 2.0 µL |
| dNTPs 10mM | 0.5 µL |
| 276F- 10mM | 0.5 µL |
| 276R- 10mM | 0.5 µL |
| DNA polimerasa | 0.25 µL |
| Agua ultrapurificada | 16.75 µL |
| DNA genómico | 2.0 µL |

**Tabla 10**. Cantidades óptimas para amplificación SNP276

Las condiciones de amplificación se muestran en la tabla 11.

| | Temperatura (°C) | Tiempo (min) |
|---|---|---|
| Desnaturalización inicial | 95 | 5:00 |
| Desnaturalización | 95 | 1:00 |
| Alineamiento | 56.7 | 0:45 |
| Extensión | 72 | 0:45 |
| Extensión final | 72 | 5:00 |

**Tabla 11**. Condiciones óptimas para amplificación SNP276

Este proceso fue realizado durante 35 ciclos, y se llevo a cabo en el termociclador Multigene Labnet. Los productos de la PCR se analizaron por electroforesis en gel de agarosa al 2% teñido con bromuro de etidio y visualizados en transiluminador de luz UV (Figura 8).

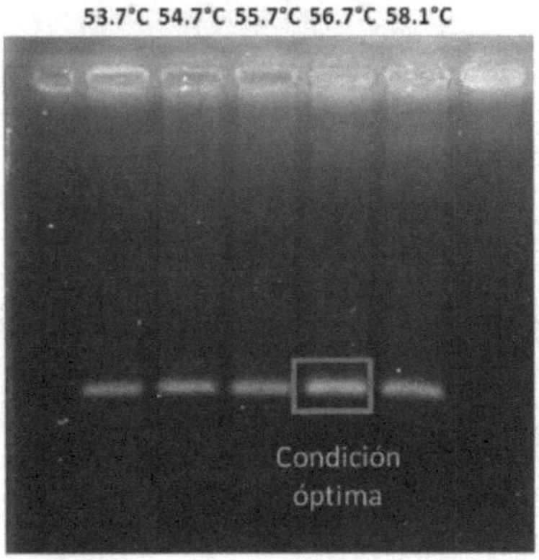


**Figura 8.** Gel agarosa 2%. Estandarización temperaturas para SNP276

**6.5 Amplificación del SNP276 en las muestras de estudio**

En la figura 9 se muestra un gel representativo con muestras de estudio donde se observa claramente el producto amplificado siendo los iniciadores específicos y generando amplicones únicos de 196 pb.

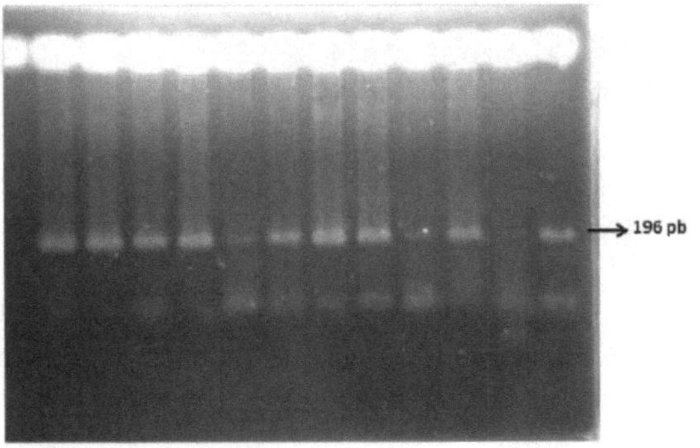


**Figura 9**. Gel agarosa 2%. Amplificación de muestras de estudio para SNP276.

## 6.6 Detección de Polimorfismos mediante la técnica de Polimorfismos en la Longitud de los Fragmentos de Restricción (RFLP)

En la figura 10 se muestra un gel representativo con muestras de estudio donde se observa el corte de la enzima en presencia del alelo G formando 2 bandas de 148 y 48 pb, mientras que en presencia del alelo T la enzima no forma cortes dejando la banda intacta de 196 pb.

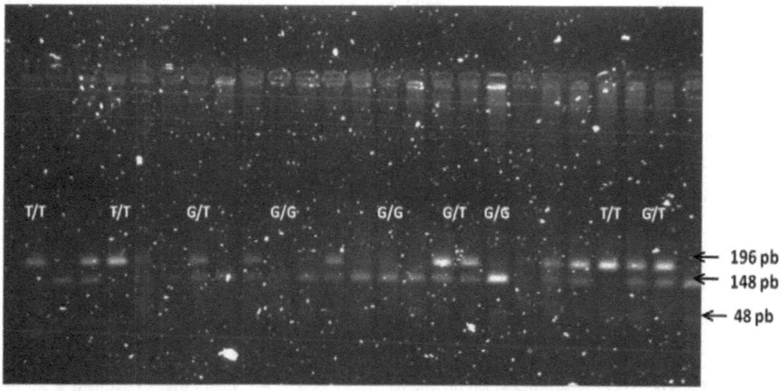


**Figura 10.** Gel agarosa 2%. RFLP de muestras de estudio para SNP276.

La distribución de genotipos se encontró en equilibro Hardy Weinberg, siendo el alelo G el que se encuentra en mayor frecuencia, tanto en diabéticos como en los sujetos sanos (Tabla 12).

| Población | Alelo A | Alelo a |
|---|---|---|
| Diabéticos | 0.663 | 0.336 |
| No diabéticos | 0.698 | 0.301 |

**Tabla 12.** Frecuencias alélicas para el SNP276

En el gráfico 6 se muestra la distribución del polimorfismo 276 en los dos grupos de estudio, del total de sujetos estudiados el 57% presentaron el polimorfismo, de los cuales el 40% con diabéticos y el 17% sujetos sanos, sin diferencias estadísticamente significativas (p= 0.363).

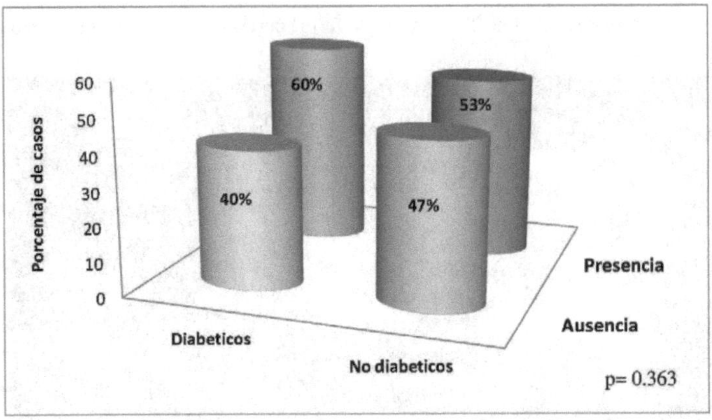


**Gráfico 6.** Distribución de polimorfismos (SNP276) en el grupo total de estudio.

No se encontró asociación del SNP276 con la diabetes mellitus tipo 2 (p= 0.363), ni con la resistencia a la Insulina (p=0.575).

En la tabla 13 se muestran los datos antropométricos y de laboratorio de los portadores del alelo G y del alelo T para la variante 276, donde se puede observar que no se encuentran diferencias estadísticamente significativas en ningún parámetro en el grupo total de estudio.

| Variable | Portadores alelo G (n) Media ± D.E. | Portadores alelo T (n) Media ± D.E. | p |
|---|---|---|---|
| **IMC** | (83) 28.8 ± 4.8 | (116) 29.2 ± 5.7 | 0.630 |
| **Cintura (cm)** | (83) 96.3 ± 11.6 | (116) 97.8 ± 11.7 | 0.372 |
| **Cadera (cm)** | (83) 106.6 ± 10.3 | (113) 108.3 ± 11.9 | 0.291 |
| **Indice c/c** | (83) 0.90 ± 0.06 | (113) 0.90 ± 0.07 | 0.996 |
| **FC** | (81) 75.2 ± 9.7 | (116) 74.6 ± 13.1 | 0.738 |
| **TA sistólica (mm Hg)** | (84) 130.1 ± 30.9 | (117) 135.3 ± 29.5 | 0.234 |
| **TA diastólica (mm Hg)** | (84) 77.6 ± 16.7 | (117) 78.1 ± 13.4 | 0.798 |
| **Glucosa (mg/dL)** | (89) 162 ± 84.4 | (118) 153.2 ± 76.4 | 0.439 |
| **FRC** | (87) 5.6 ± 2.9 | (117) 4.99 ± 2.5 | 0.079 |
| **Colesterol (mg/dL)** | (87) 205.6 ± 66.3 | (118) 208.9 ± 77.9 | 0.748 |
| **HDL (mg/dL)** | (87) 44.8 ± 24.0 | (119) 50.9 ± 32.8 | 0.146 |
| **LDL (mg/dL)** | (86) 117.0 ± 55.6 | (114) 125.1 ± 64.7 | 0.351 |
| **VLDL (mg/dL)** | (86) 42.9 ± 33.1 | (119) 44.9 ± 39.9 | 0.706 |
| **Triglicéridos (mg/dL)** | (87) 223.8 ± 185.3 | (119) 203.4 ± 127.5 | 0.352 |
| **Insulina (μU/ml)** | (88) 17.6 ±13.3 | (120) 16.9 ± 9.6 | 0.658 |
| **HOMA-IR** | (89) 7.2 ± 6.2 | (120) 6.6 ± 5.3 | 0.471 |

**Tabla 13**. Datos antropométricos y de laboratorio entre portadores del alelo G y el alelo T del SNP276.

En el grupo control se encontró una asociación entre los niveles de glucosa y el SNP276, donde aquellos sujetos portadores del polimorfismo muestran valores disminuidos de glucosa en comparación con aquellos que no tienen el polimorfismo, mostrando un menor riesgo de presentar una glucosa incrementada (p=0.024, OR=0.701; 95% IC= 0.477-1.030)(Gráfico 7).

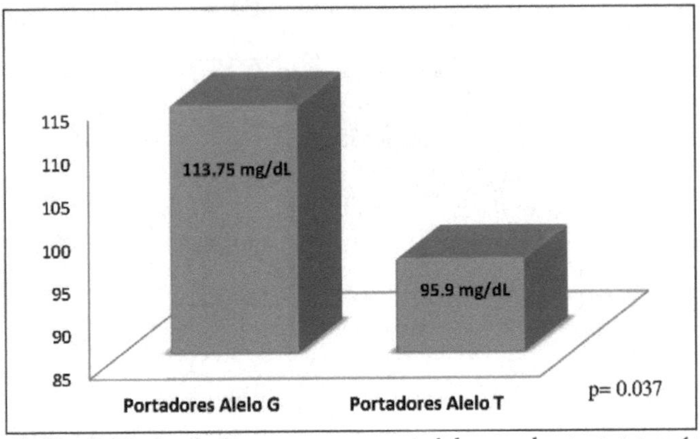


**Gráfico 7.** Niveles de glucosa en grupo control de acuerdo a la distribución de los alelos.

En el grupo de pacientes diabéticos, el genotipo G/T es el de mayor prevalencia con un 52%, mientras que en el grupo control el genotipo mas prevalente es el G/G con el 47%, no se muestran diferencias estadísticamente significativas entre los 2 grupos (p= 0.657) (Gráfico 8).

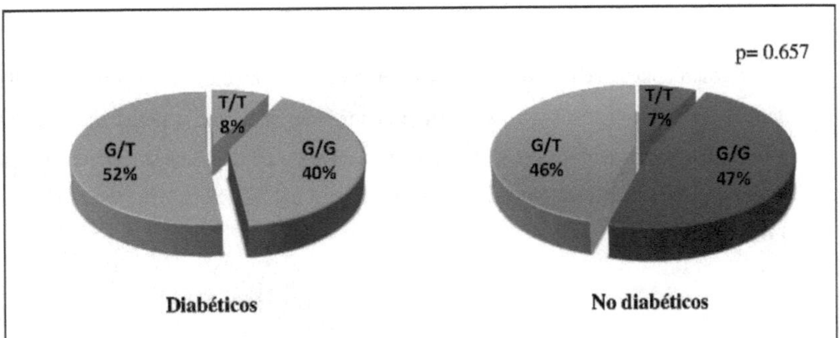


**Gráfico 8**. Distribución de genotipos del SNP276 entre casos y controles

En la tabla 14 se muestran los datos antropométricos y de laboratorio de los portadores de los tres posibles genotipos para el SNP276, sin mostrar diferencias estadísticamente significativas entre los tres genotipos.

| Variable | Genotipo GG (n) Media ± D.E. | Genotipo GT (n) Media ± D.E. | Genotipo TT (n) Media ± D.E. | p |
|---|---|---|---|---|
| **IMC** | (83) 28.8 ± 4.8 | (100) 29.4 ± 5.8 | (16) 27.7 ± 5.1 | 0.420 |
| **Cintura (cm)** | (83) 96.3 ± 11.6 | (100) 98.3 ± 12.0 | (16) 94.8 ± 9.7 | 0.356 |
| **Cadera (cm)** | (83) 106.6 ± 10.3 | (98) 108.8 ± 11.8 | (15) 105.6 ± 12.3 | 0.340 |
| **I c/c** | (83) 0.90 ± 0.06 | (98) 0.90 ± 0.07 | (15) 0.89 ± 0.05 | 0.756 |
| **FC** | (81) 75.2 ± 9.7 | (100) 74.3 ± 13.5 | (16) 77.0 ± 9.6 | 0.655 |
| **TA sistólica (mm Hg)** | (84) 130.1 ± 30.9 | (101) 134.3 ± 29.4 | (16) 141.4 ± 30.5 | 0.339 |
| **TA diastólica (mm Hg)** | (84) 77.6 ± 16.7 | (101) 78.5 ± 14.1 | (16) 75.8 ± 7.4 | 0.771 |
| **Glucosa (mg/dL)** | (89) 162.0 ± 84.4 | (102) 148.3 ± 64.7 | (16) 184.7 ± 126.8 | 0.177 |
| **FRC** | (87) 5.6 ± 2.9 | (101) 4.9 ± 2.6 | (16) 5.01 ± 2.3 | 0.216 |
| **Colesterol (mg/dL)** | (87) 205.6 ± 66.3 | (102) 207.1 ± 76.6 | (16) 220.3 ± 87.8 | 0.758 |
| **HDL (mg/dL)** | (87) 44.8 ± 24.02 | (103) 51.2 ± 34.7 | (16) 48.8 ± 17.2 | 0.334 |
| **LDL (mg/dL)** | (86) 117.0 ± 55.6 | (98) 123.4 ± 61.5 | (16) 135.3 ± 83.5 | 0.500 |
| **VLDL (mg/dL)** | (86) 42.9 ± 33.1 | (103) 46.2 ± 41.6 | (16) 36.2 ± 25.6 | 0.563 |
| **Triglicéridos (mg/dL)** | (87) 223.8 ± 185.3 | (103) 207.6 ± 127.2 | (16) 177.0 ± 130.9 | 0.496 |
| **Insulina (µU/ml)** | (88) 17.6 ± 13.3 | (104) 17.0 ± 10.05 | (16) 15.9 ± 6.8 | 0.852 |
| **HOMA-IR** | (88) 7.2 ± 6.2 | (102) 6.6 ± 5.4 | (16) 6.8 ± 5.1 | 0.734 |

**Tabla 14.** Datos antropométricos y de laboratorio de los genotipos del SNP276

En la tabla 15 se muestra la distribución de los haplotipos 45/276 en el grupo total de estudio, ambos polimorfismos se encuentran en desequilibrio de ligamiento (D'= -0.15, r= -0.039), encontrando diferencias estadísticamente significativas entre las frecuencias de los posibles haplotipos (p= 0.022).

| 45 T>G | | 276 G>T | | |
|---|---|---|---|---|
| | | G/G | G/T | T/T |
| | T/T | TG/TG<br>64 | TG/TT<br>82 | TT/TT<br>22 |
| | T/G | TG/GG<br>14 | TT/GG<br>22 | TT/GT<br>0 |
| | G/G | GG/GG<br>2 | GG/GT<br>4 | GT/GT<br>0 |

**Tabla 15.** Distribución de haplotipos 45/276 en el grupo total de estudio.

Se encontraron diferencias estadísticamente significativas en el VLDL entre los diferentes haplotipos entre casos y controles, como se muestra en la tabla 16, los valores de p están basados en la comparación de los tres grupos de genotipos diferentes (TG/TG, TG/X y X/X, siendo X cualquier haplotipo diferente a TG). Sin embargo, debido a que los heterocigotos TG/X y los homocigotos X/X son virtualmente idénticos para cada variable, los grupos fueron combinados para la presentación de la tabla.

| Variable | TG/TG<br>(n) Media ± D.E. | TG/X + X/X<br>(n) Media ± D.E. | p |
|---|---|---|---|
| IMC | (62) 29.2 ± 5.3 | (140) 29.3 ± 6.01 | 0.591 |
| Cintura (cm) | (62) 97.8 ± 11.3 | (140) 96.9 ± 12.3 | 0.173 |
| Cadera (cm) | (62) 107.6 ± 11.5 | (138) 107.0 ± 12.3 | 0.581 |
| I c/c | (62) 0.90 ± 0.06 | (138) 0.90 ± 0.06 | 0.175 |
| FC | (60) 77.1 ± 10.8 | (138) 76.6 ± 14.7 | 0.985 |
| TA sistólica (mm Hg) | (62) 139.0 ± 25.1 | (142) 135.7 ± 37.5 | 0.909 |
| TA diastólica (mm Hg) | (62) 80.9 ± 14.6 | (142) 77.0 ± 17.72 | 0.541 |
| Glucosa (mg/dL) | (64) 168.8 ± 100.1 | (144) 156.1 ± 81.3 | 0.793 |
| FRC | (62) 5.6 ± 2.8 | (146) 4.6 ± 2.3 | 0.155 |
| Colesterol (mg/dL) | (62) 222.5 ± 85.3 | (146) 212.2 ± 89.7 | 0.845 |
| HDL (mg/dL) | (62) 47.0 ± 23.9 | (146) 53.4 ± 31.6 | 0.498 |
| LDL (mg/dL) | (62) 134.4 ± 65.8 | (140) 124.0 ± 73.3 | 0.746 |
| VLDL (mg/dL) | (62) 41.0 ± 32.4 | (146) 49.9 ± 46.6 | **0.035** |
| Triglicéridos (mg/dL) | (62) 205.4 ± 162.2 | (146) 217.5 ± 147.1 | 0.656 |
| Insulina (µU/ml) | (62) 17.1 ± 10.9 | (146) 15.3 ± 8.4 | 0.652 |
| HOMA-IR | (62) 7.65 ± 6.3 | (144) 5.9 ± 4.6 | 0.332 |

**Tabla 16.** Datos antropométricos y de laboratorio del grupo total de estudio de acuerdo al haplotipo 45/276.

En el grupo de pacientes diabéticos se encontraron diferencias estadísticamente significativas en el factor de riesgo coronario y el HOMA-IR, mostrando que aquellos homocigotos portadores del haplotipo TG presentan valores más elevados en dichos parámetros que aquellos heterocigotos portadores del haplotipo TG (TG/X) o no portadores (X/X) (p= 0.030, OR= 1.247 [95% IC= 1.011-1.539]; p= 0.045, OR= 1.097 [95% IC= 0.998-1.207], respectivamente)(Tabla 17). De igual modo se encontraron diferencias significativas en el factor de riesgo coronario en las mujeres, presentando de la misma forma valores más elevados aquellas homocigotos portadoras del haplotipo TG (p= 0.043, OR=1.213; 95% IC= 0.999-1.472).

| Variable | Diabéticos<br>Odd Ratio (95% IC) | p | No diabéticos<br>Odd Ratio (95% IC) | p |
|---|---|---|---|---|
| FRC | 1.247 (1.011-1.539) | 0.030 | 1.031 (0.752-1.412) | 0.843 |
| HOMA-IR | 1.097 (0.998-1.207) | 0.045 | 0.569 (0.286-1.134) | 0.070 |

**Tabla 17**. Riesgo relativo de la presencia del haplotipo TG distribuido por grupos.

# 7. DISCUSIÓN

La distribución de los genotipos de los polimorfismos 45 y 276 se encontró en equilibrio Hardy Weinberg en ambos grupos de estudio.

Los resultados obtenidos revelan una prevalencia del SNP45 del 11% en sujetos sanos y 9% en pacientes diabéticos mostrando diferencias significativas, lo que demuestra que esta variante se encuentra estrechamente relacionada con la diabetes mellitus tipo 2 mostrando un posible efecto protector ante la aparición de la enfermedad (OR= 0.266; 95% IC= 0.131-0.538), de manera contraria a lo reportado por otros autores, donde ellos demuestran que dicha variante incrementa el riesgo para diabetes tipo 2 en población japonesa (7), francesa (45) e iraní (60).

Sutton y colaboradores reportan que la presencia del alelo G del SNP45 contribuye a la protección contra la obesidad en un estudio de familias hispanas (65). Del mismo modo, Loos y colaboradores reportan resultados semejantes en familias de Quebec, Canadá (66), al igual que Lu Qi y Pasariello en población estadounidense (67) e italiana (68), respectivamente. En esta investigación se revela que la presencia de la variante genética en la posición 45 no se encuentra asociada a la obesidad (p= 0.393). Aunque los estudios previos muestren esta asociación en población hispana, la obesidad juega un rol independiente, ya que es una enfermedad multifactorial, en la que se encuentra una mayor resistencia a la insulina. Sin embargo, en este estudio se demuestra que la presencia del polimorfismo puede conferir una protección frente a la diabetes y una mejor respuesta a la insulina, por lo que se sugiere que aquellos portadores del alelo G presentan una mayor resistencia frente a enfermedades crónico degenerativas.

En este estudio se encontraron diferencias estadísticamente significativas en los resultados de los exámenes de laboratorio como la glucosa, presentando niveles más bajos en aquellos portadores del alelo G en la variante ubicada en la posición 45, coincidiendo con lo reportado por Jang y colaboradores (58). Del mismo modo, se encontraron diferencias en la media de la presión arterial sistólica y diastólica, mostrándose más elevada en aquellos sujetos portadores del genotipo TT, tal como lo reporta Menzaghi, el cual también revela haber encontrado diferencias en insulina, colesterol y perímetro de cintura (69). Los hallazgos de este trabajo muestran una asociación de la presencia del alelo G con valores disminuidos del perímetro de cintura en mujeres, lo que sugiere un efecto protector ante enfermedades cardiovasculares, ya que el perímetro de cintura es un factor importante que se debe ser considerado para la prevención de estas enfermedades en nuestra población.

Los resultados obtenidos en nuestra población muestran que el alelo T en la posición 45 es significativamente más frecuente que el alelo G, tal como lo reporta Fillipi en una población italiana (46), sin embargo de manera contraria, Hara y colaboradores reportan una mayor frecuencia del alelo G en población japonesa (7), lo que sugiere una diferencia significativa de las frecuencias alélicas entre las diferentes razas, lo cual puede ser un factor importante para la determinación de protección o riesgo de la variante genética frente a la enfermedad.

En cuanto al SNP276, los resultados muestran una prevalencia del 40% en pacientes diabéticos y 17% en sujetos sanos, sin embargo, no se encontraron diferencias estadísticamente significativas entre grupos, por lo que no se demuestra ninguna asociación del SNP276 con la diabetes mellitus tipo 2, lo cual coincide con lo reportado por otros autores en población española (52), coreana (53), china (59), iraní (60), brasileña (70) e hispana (55). Contrario a esto, Hara y colaboradores, al igual que Vasseur en Francia reportan que los sujetos portadores del alelo G muestran un mayor riesgo de presentar diabetes tipo 2 en población japonesa (7) y caucásica francesa (45), respectivamente. La asociación del SNP276 con la diabetes mellitus pudiera estar implicada con algún otro factor como los diferentes tipos de linaje, lo que pude ser determinante para la susceptibilidad o resistencia a la enfermedad.

En esta investigación se encontró que en el grupo control, aquellos portadores del alelo T en la posición 276 muestran valores disminuidos de glucosa en comparación con aquellos portadores del alelo G, tal como se ha reportado anteriormente en población coreana (58) (71) y polaca (72).

Estos resultados muestran que el alelo G en la posición 276 es el de mayor frecuencia en nuestra población, de igual modo ha sido reportado por otros autores (7) (45) (73) (74).

En el grupo de pacientes diabéticos se demuestran diferencias significativas en el factor de riesgo coronario entre los diferentes haplotipos, mostrando que aquellos sujetos homocigotos portadores TG tienen mayor riesgo a presentar un evento cardiovascular.

Aquellos sujetos diabéticos que no presentan el polimorfismo en ninguna de las dos posiciones tienen un mayor riesgo de presentar resistencia a la insulina, lo cual confirma que la variante genética sugiere una protección frente a la diabetes mellitus tipo 2.

# 8. CONCLUSIONES

La población incluida en este estudio manifiesta descontrol metabólico a pesar de que la mayoría refiere manejo de hipoglucemiante combinado. Además la alta prevalencia de dislipidemias es alarmante debido a los eventos cardiovasculares que se pueden presentar.

En base a los resultados obtenidos se puede concluir que las variantes genéticas en el gen de adiponectina se asocian con la diabetes mellitus tipo 2 y la resistencia a la insulina. La presencia del SNP45 confiere protección ante la enfermedad, mientras que el SNP276 no se asocia con esta. Sin embargo, este estudio revela que la frecuencia de estas variantes son mínimas en nuestra población, lo que sugiere que la mayor parte de los mexicanos evaluados presenta susceptibilidad a la diabetes mellitus tipo 2 y la resistencia a la insulina.

Los pacientes diabéticos portadores del haplotipo homocigoto TG muestran de una a dos veces más riesgo de presentar resistencia a la insulina en comparación con los portadores heterocigotos.

Finalmente, se puede aludir la susceptibilidad a la resistencia a la insulina y diabetes mellitus tipo 2 a la presencia de variantes genéticas en el gen de adiponectina, lo que conlleva sugerir estudios futuros sobre este gen, la interacción y el mecanismo de acción de la hormona.

# 9. PERSPECTIVAS

Los resultados obtenidos en esta investigación orientan al diseño de estudios posteriores relacionados a las variantes genéticas que puedan estar asociadas a la diabetes mellitus tipo 2 y a la resistencia a la insulina, con la finalidad de detectar factores que puedan influir en la susceptibilidad frente a la enfermedad.

Por otra parte, es importante conocer la relación de la adiponectina sérica sobre la resistencia a la insulina o la evaluación de aquellos pacientes diabéticos con síndrome metabólico para identificar las variantes genéticas que confieran susceptibilidad o resistencia en esta población.

# 10. REFERENCIAS BIBLIOGRÁFICAS

1. **Palma-Gámiz JL**. La diabetes mellitus entendida como una enfermedad cardiovascular de origen metabolico. Rev Esp Cardiol Supl, 2007, 7: 12H-19H.

2. **American Diabetes Association**. Report of the Expert Committee on the Diagnosis and Clasification of Diabetes Mellitus. 1997, Diabetes Care, 20: 1183-97.

3. **American Diabetes Association.** Report of the Expert Committee on the Diagnosis and Clasification of Diabetes Mellitus. 2002, Diabetes Care, 25 (Suppl1): S5-S20.

4. **Vazquez-Castellanos JL, Panduro-Cerda A.** Diabetes mellitus tipo 2: un problema epidemiologico y de emergencia en México. 2001, Investigacion en Salud, 3: 18-26.

5. **Salamanca-Gomez, F.** Un nuevo gen de predisposicion a la diabetes tipo 2. 2001, Gaceta Medica de Mexico, 137: 89-91.

6. **Kissebah AH, Sonnenberg GE, Myklebust J, Goldstein M, Broman K, James RG, Marks JA, Krakower GR, Jacob HJ, Weber J, Martin L, Blangero J, Comuzzie AG.** Quantitative trait loci on chromosomes 3 and 17 influence phenotypes of the metabolic syndrome. 2000, Proc Natl Acad Sci USA, 97: 14478-14483.

7. **Hara K, et al.** Genetic variation in the gene encoding adiponectin is associated with an increased risk of type 2 diabetes in the Japanese population. 2002, Diabetes, 51:536-540.

8. **Moreno-Altamirano L.** Epidemiologia y diabetes. 2001, Rev Fac Med UNAM, 44:35-37.

9. **Secretaria de Salud.** Sistema Nacional de Información en Salud. www.sinais.salud.gob.mx

10. **Frünhbeck G, Gómez-Ambrosi J, Muruzábal FJ, Burell MA.** The adipocyte: a model for integration of endocrine and metabolic signaling in energy metabolism regulation. 2001, Am J Physiol Endocrinol Metab, 280:E827-E847.

11. **Moreno MJ, Martinez JA.** Adipose tissue: a storage and secretory organ.. 2002, An Sist Sanit Navar, 25 Suppl 1:29-39.

12. **Cinti, S.** The adipose organ: morphological perspectives of adipose tissues. 2001, Proc Nutr Soc, 60:319-328.

13. **Kershaw EE, Flier JS.** Adipose tissue as an endocrine organ. 2004, J Clin Endocrinol Metab, 89:2548-56.

14. **Gonzalez-Hita M, Bastidas-Ramirez BE, Ruiz-Madrigal B, Godinez S, Panduro A.** Funciones endocrinas de la celula adiposa. 2002, Revista de Endocriinologia y Nutricion, 10: 140-146.

15. **Wiman B, Chmielewska J, Ranby M.** Inactivation of tissue plasminogen activator in plasma: demonstration of a complex with a new rapid inhibitor. 1984, J Biol Chem, 259:3644-3647.

16. **Shimomura I, Funahashi T, Takahashi M, Maeda K, Kotani K, Nakamura T, Yamashita S, Miura M et al.** Enhanced expression of PAI-1 in visceral fat: possible contributor to vascular disease in obesity. 1996, Nat Med, 2: 800-803.

17. **Mohamed-Ali V, Pinkney JH, and Coppack SW.** Adipose tissue as an endocrine and paracrine organ. 1998, Int J Obes, 22: 1145-1158.

18. **Maslowska M, Cianfione K, Rosenbloom M.** Acylation stimulatin protein (ASP): role in adipose tissue. Progress in Obesity Research 8, London, 1999, 65-70.

19. **Steppan CM, Bailey ST, Bhat S, Brown EJ, Banerjee RR, Wright CM, et al.** The hormone resistin links obesity to diabetes. 2001, Nature, 409:307-312.

20. **Maeda K, Okubo K, Shimomura I, Funahashi T, Matsuzawa Y, Matsubara K.** cDNA cloning and expression of a novel adipose specific collagen-like factor, apM1. 1996, Biochem Biophys Res Commun, 221:286-9.

21. **Scherer PE, Williams S, Fogliano M, Baldini G, Lodish HF.** A novel serum protein similar to C1q, produced exlusively in adypocites. 1995, J Biol Chem, 270: 26746-9.

22. **Hu E, Liang P, Spiegelman BM.** AdipoQ is a novel adipose-specific gene dysrigulated in obesity. 1996, J Biol Chem, 271: 10697-703.

23. **Nakano Y, Tobe T, Choi-Miura NH, Mazda T, Tomita M.** Isolation and characterization of GBP28, a novel gelatin-binding protein purified from human plasma. 1996, J Biochem, 120:803-12.

24. **Takahashi M, Arita Y, Yamagata K, Matsukawa Y, Okutomi K, Horie M, et al.** Genomic structure and mutations in adipose-specific gene, adiponectin. 2000, Int J Obes Relat Metab Disord, 24:861-8.

25. **Stefan N, Stumvoll M.** Adiponectin: Its role in metabolism and beyond. 2002, Horm Metab Res, 43:469-74.

26. **Kishore U, Reid KB.**C1q: structure, function, and receptors. 2000, Inmunopharmacology, 49:15-170.

27. **Gil-Campos M, Cañete R, Gil A.** Adiponectin, the mising link in insulin resistance and obesity. 2004, Clin Nutr, 23:963-74.

28. **Wang Y, Xu A, Knight C, Xu LY, Cooper GL.** Hydroxilation and glycosylation of the four conserved lysine residues in the collagenous domain of adiponectin: potential role in the modulation of its insulin-sensitizing activity. 2002, J Biol Chem, 277:19521-9.

29. **Waki H, Yamauchi T, Kamon J, Ito Y, Uchida S, Kita S, et al.** Impaired multimerization of human adiponectin mutants associated with diabetes. Molecular structure and multimer formation of adiponectin. 2003, J Biol Chem, 278:40352-63.

30. **Palomer X, Perez A, Blanco-Vaca F.** Adiponectina: un nuevo nexo entre obesidad, resistencia a la insulina y enfermedad cardiovascular. 2005, Med Clin, 124(10):388-95.

31. **Arita Y, Kihara S, Ouchi N, Takahashi M, Maeda K, Miyagawa J, et al.** Paradoxical decrease of an adipose-specific protein, adiponectin, in obesity. 1999, Biochem Biophys Res Commun, 257: 79-83.

32. **Comuzzie AG, Funahashi T, Sonnenberg G, Martin LJ, Jacob HJ, Black AE, et al.** The genetic basis of plasma variation in adiponectin, a global endophenotype for obesity and the metabolic syndrome. 2001, J Clin Endocrinol Metab, 86:4321-5.

33. **Hotta K, Funahashi T, Arita Y, Takahashi M, Matsuda M, Okamoto Y, et al.** Plasma concentration of a novel adipose specific protein adiponectin in type 2 diabetic patients. 2000, Arterioscle Thromb Vasc Biol, 20:1595-9.

34. **Yamauchi T, Kamon J, Ito Y, Tsuchida A, Yokomizo T, Kita S, et al.** Cloning of adiponectin receptors that mediate antidiabetic metabolic effects. 2003, Nature, 423:762-9.

35. **Kadowaki T, Yamauchi T.** Adiponectin and adiponectin receptors. 2005, Endocrine reviews, 26:439-51.

36. **Chandran M, Phillips SA, Ciaraldi T, Henry RR.**Adiponectin: more than just another fat cell hormone? 2003, Diabetes Care, 26:2442-2450.

37. **Yamauchi T, Kamon J, Waki H, Terauchi Y, Kubota N, Hara K, et al.** The fat-derived hormone adiponectin reverses insulin resistance associated with both lipoatrophy and obesity. 2001, Nat Med, 7:941-6.

38. **Gomez-Perez FJ, Aguilar-Salinas CA.** Sistema de Actualizacion Medica Diabetes. Actualidades Terapeuticas. 1a. Edicion. Mexico, 2005. Vol1: 13-17, Vol 3:167-171.

39. **DeFronzo RA.** Pathogenesis of type 2 diabetes mellitus. 2004, Med Clin North Am, 88:787-835.

40. **American Diabetes Association.** Standards of Medical Care in Diabetes-2007. 2007, Diabetes Care, 30:s4-s41.

41. **Zimmet P, Alberti KG, Shaw J.** Global and societal implications of the diabetes epidemic. 2001, Nature, 414:782-787.

42. **Sanchez-Recalde A, Kaski JC.** Diabetes mellitus, inflamacion y aterosclerosis coronaria: perspectiva actual y futura. 2001, Rev Esp Cardiol, 54:751-63.

43. **Vionnet N, Hani EH, Dupont S, Gallina S, Francke S, Dotte S, et al.** Genomewide search for type 2 diabetes-suceptibility genes in French whites: evidence for a novel susceptibility locus for early-onset diabetes on chromosome 3q27-qter and independent replication of a type 2 diabetes locus on chromosome 1q21-q24. 2000, Am J Hum Genet, 67:1470-80.

44. **Mori Y, Otabe S, Dina C, Yasuda K, Populaire C, Lecoeur C, et al.** Genome-wide search for type 2 diabetes in japanese affected sib-pairs confirms susceptibility genes on 3q, 15q, and 20q and identifies two new candidate Loci on 7p and 11p. 2002, Diabetes, 51:1247-55.

45. **Vasseur F, Helbecque N, Dina C, Lobbens S, Hara K, et al.** Single-nucleotide polymorphism haplotypes in the both proximal promoter and exon 3 of the Apm1 gene modulate adipocyte-secreted adiponectin hormone levels and contribute to the genetic risk for type 2 diabetes in french caucasians. 2002, Human Molecular Genetics, 11:2607-2614.

46. **Fillipi E, Sentinelli F, Trischitta V, Romeo S, et al**. Association of the human adiponectina gene and insulin resistance. 2004, European Journal of Human Genetics, 12: 199-205.

47. **Bacci S, Menzaghi C, Ercolino T, Ma X, Rauseo A, et al.** The +276 G/T Single Nucleotide Polymorphism of the adiponectina gene is associated with coronary artery disease in type 2 diabetics patients. 2004; Diabetes care, 27:2015-2020.

48. **Stefan N, Machicao F, Stsiger H, Machann J, Schick F, Tscritter O, et al.** Poymorphism in the gene encoding adiponectin receptor 1 are associated with insulin resistance and high liver fat. 2005, Diabetologia, 545:2245-50.

49. **Damcott C, Ott SH, Pollin TI, Reinhart LJ, Wang J, O Connell JR, et al.** Genetic variation in adiponectin receptor 1 and adiponectin receptor 2 is associated with diabetes type 2 in the Older Amish. 2005, Diabetes, 54:2245-50.

50. **Hara K, Horikshi M, Kitazato H, Yamauchi T, Ito C, Noda M, et al.** Absence of an association between the polymorphisms in the genes encoding adiponectin receptors and type 2 diabetes. 2005, Diabetologia, 48:1307-14.

51. **Berthier MT, Houde A, Côté M et al.** Impact of adiponectin gene polymorphisms on plasma lipoprotein and adiponectin concentrations of vicerally obese men. 2005, Journal of lipid research, 46:237-244.

52. **González-Sánchez JL, Zabena CA, Martínez-Larrad MT et al.** An SNP in the adiponectin gene is assocated with decreased serum adiponectin levels and risk for impaired glucose tolerance. 2005, Obesity research, 13:807-812.

53. **Lee Y, Lee N, Cho Y, Moon M, Jung H, et al.** Genetic association study of adiponectina polymorphisms with risk of type 2 diabetes mellitus in Korean population. 2005, Diabetic Medicine, 22: 569-575.

54. **Mackevics V, Heid IM, Wagner SA, Cip P et al.** The adiponectin gene is associated with adiponectin levels but no with characteristics of the insulin resistance syndrome in healthy caucasians. 2006, European Journal of Human Genetics, 14:249-256.

55. **Richardson DK, Schneider J, Fourcaudot MJ, Rodriguez LM, Arya R, et al**. Association between variants in the genes for adiponectin and its receptors with insulin resistance syndrome (IRS)-related phenotypes in Mexican Americans. 2006, Diabetologia, 49: 2317-2328.

56. **Vaxillaire M, Dechaume A, Vasseur DV, Lahmidi S, Vatin V, Leprete F, et al.** Genetic analysis of AdipoR1 and AdipoR2 candidate polymorphisms for type 2 diabetes in the caucasian population. 2006, Diabetes, 55:856-61.

57. **Mousavinasab F, Tähtinen T, Jokelainen J, Koskela P, et al.** Common polymorphisms (single- nucleotide polymorphisms SNP+45 and SNP+276) of the adiponectina gene regulate serum adiponectina concentrations and blood pressure in young Finnish men. 2005, Molecular Genetics and Metabolism, 87: 147-151.

58. **Jang Y, Lee J, Kimb O, et al.** The SNP 276G>T polymorphism in the adiponectina (ACDC) gene is more strongly associated with insulin resistance and cardiovascular disease risk than SNP45T>G in nonobese/nodiabetic Korean men independent of abdominal adiposity and circulating plasma adiponectin. 2006, Metabolism, 55: 59-66.

59. **Wang Y, Zhang D, Liu Y, Yang Y, et al.** Association study of single nucleotide polymorphisms in adiponectin-associated genes with type 2 diabetes in Han Chinese. 2009, Journal of Genetic and Genomics, 36: 417-423.

60. **Mohammadzadeh G, Zarghami N.** Association between single nucleotide polymorphisms of the adiponectin gene, serum adiponectin levels and increased risk of type 2 diabetes mellitus in Iranian obese individuals. 2009, Scandinavian Journal of Clinical and Laboratory Investigation, 69: 764-771.

61. **Melistas L, Mantzoros C, Kontogianni M, Antonopoulou S, et al.** Association of the +45T>G and +276G>T polymorphisms in the adiponectin gene with insulin resistance in nondiabetic greek women. 2009, European Journal of Endocronology, 161: 845-852.

62. **Hwang JY, Park JE, Choi YJ, Huh KB, et al.** SNP27G>T polymorphism in the adiponectin gene is associated with metabolic syndrome in patients with type 2 diabetes mellitus in Korea. 2010, European Journal of Clinical Nutrition, 64: 105-107.

63. **Federación Mexicana de Diabetes**. IDF, Atlas de Diabetes 2009. Cuarta Edición

64. **Krizova J, Dolinkova M, Lacinova Z, et al.** Adiponectin and resistin gene polymorphisms in patients with anorexia nervosa and obesity and its influence on metabolic phenotype. 2008, Physiol Res, 57 (4): 539-546.

65. **Sutton BS, Weinert S, Langefeld CD et al.** Genetic analysis of adiponectin and obesity in Hispanic families: the IRAS Family Study. 2005, Human Genet, 117: 107-118.

66. **Loos R, Ruchat S, Rankinen T et al.** Adiponectin and adiponectina receptor gene variants in relation to resting in metabolic rate, respiratory quotient, and adiposity-related phenotypes in the Québec Family Study. 2007, Am J Clin Nutr, 85: 26-34.

67. **Qi L, Doria A, Manson J et al.** Adiponectin genetic variability, plasma adiponectin, and cardiovascular risk in patients with type 2 diabetes. 2006, Diabetes, 55: 1512-1516.

68. **Passariello CL, Gruodyte R, Hiio K et al**. ADIPOQ SNP45 associated with lean body mass in physically active normal weight adolescent girls. 2010, Am J Hum Biol, 22(6): 813-818.

69. **Menzaghi C, Ercolino T, Di Paola R et al.** A Haplotype at the adiponectin locus is associated with obesity and other features f the insulin resistance syndrome. 2002, Dibetes, 51: 2306-2312.

70. **Vendraminia MF, Pereira AC, Ferreira SR et al.** Association of genetic variants in the adiponectina encoding gene (ADIPOQ) with type 2 diabetes in Japanese Brazilians. 2010, Journal of diabetic and its complications, 24(2): 115-120.

71. **Kim B, Jang Y, Paik JK et al.** Adiponectin gene polymorphisms are associated with long-chain ω3-polyunsaturated fatty acids in serum phospholipids in nondiabetic Koreans. 2010, Journal of Clinical Endocrinology & Metabolism, 95(11): E347-E351.

72. **Szopa M, Malczewska-Malec M, Wilk B et al.** Variants of the adiponectin gene and type 2 diabetes in a Polish population. 2009, 46(4): 317-322.

73. **Zacharova J, Chiasson JL, Laakso M et al.** The common polymorphisms (Single nucleotide polymorphism [SNP] +45 and SNP +275) of the adiponectina gene predict the conversion from impaired glucose tolerance to type 2 diabetes. 2005; Diabetes, 54: 893-899.

74. **Chung HK, Chae JS, Hyun YJ et al.** Influence of adiponectina gene polymorphisms on adiponectina level and insulin resistance index in response to dietary intervention in overweight-obese patients with impaired fasting glucose or newly diagnosed type 2 diabetes. 2009; Diabetes care, 32:552-558.

# ANEXO 1

## CONSENTIMIENTO INFORMADO

**PROYECTO DE INVESTIGACIÓN**

Diabetes, hipertensión y Obesidad: Mejorando los Indicadores de Salud de la Población de Reynosa Tamaulipas; México.

He sido invitado/a a participar en una investigación que realizaran investigadores académicos de la Universidad Autónoma de Tamaulipas-UAMRA, con el propósito de determinar la asociación de los polimorfismo 45 y 276 del gen AmP1 en pacientes Diabéticos, hipertensos y Obesos, así como en pacientes sin ninguna de estas enfermedades para ser tomados como grupo control.

Si acepto participar en este estudio, seré entrevistado/a personalmente para responder a un cuestionario. Se tomara una muestra de sangre en ayuno para evaluar los niveles de glucosa, insulina, adiponectina, perfil de lípidos, y datos de exploración física como la altura, peso, perímetro abdominal y presión sanguínea Esta evaluación tomara alrededor de media hora.

Cualquier información de este estudio que me pueda identificar permanecerá confidencial. Si decido participar, estoy en plena libertad de rehusar a contestar cualquier pregunta que me haga sentir incomodo/a. Puedo dejar de participar en cualquier momento sin que se afecte mi relación con la universidad.

Si tengo preguntas sobre este estudio, y/o quiero saber los resultados del mismo, puedo contactar a la MAC. Rosa Issel Acosta González, Dra. Anabel Bocanegra Alonso, QFB. Esperanza M. García Oropesa, y/o QFB. Ma. Cristina Hernández Jiménez en el departamento de Investigaciones Medicas de la Unidad Académica Multidisciplinaria Reynosa-Aztlán, 16 y lago de Chapala S/N Colonia Aztlán Tel: (01899)921-33-40 y 42, Ext. 119.

He leído la información aquí presentada. Las preguntas que he hecho han sido respondidas a mi satisfacción. He recibido una copia de este consentimiento informado. Al firmar este documento, doy mi consentimiento para participar en el estudio.

______________________________

**NOMBRE**

______________________________

**FIRMA** **FECHA**

# ANEXO 2

**1. Ficha de identificación:**

Fecha de elaboración: ____________________ No. de registro: ____________________

Nombre: ____________________

Domicilio: ____________________

Edad: [ ] años Sexo: [ ] 1= Femenino
2= Masculino

Fecha de nacimiento: ____________________ Lugar de nacimiento: ____________________

Escolaridad: [ ] años

Ocupación: [ ]
1= Hogar
2= Empleado
3= Obrero
4= Desempleado
5= Otro

Edo. Civil: [ ]
1= Soltero
2= Casado
3= Divorciado
4= Unión libre
5= Separado
6= Viudo
7= Otro

Interrogatorio:

**2.- Antecedentes heredo-familiares**

DM [ ] 1= Si [ ] 1= Padre
HAS [ ] 0=No [ ] 2= Madre
Cáncer [ ] [ ] 3= Ambos
Dislipidemia [ ] [ ] 4= Hermanos
Otro [ ] [ ] 5= Tíos
6= Abuelos paternos
7= Abuelos maternos
8= Ninguno

**3.- Antecedentes personales no patológicos:**

Habitación [ ] 1= Material
2= Madera
3= Otro

Consumo de alcohol [ ] 1= Si
0= No

Número de copas que consume semanalmente [ ] 1= De 1 a 5
2= De 6 a 10
3= Más de 10

Tipo de bebida [ ] 1= Cerveza
2= Vino de mesa
3= Whiskey, tequila
4= Otro

Tabaquismo [ ] 1= Si
0= No

Cigarrillos consumidos diariamente [ ] 1= De 1 a 5
2= De 6 a 10
3= Más de 10

Toxicomanías [ ] 1= Si
0= No

Ejercicio [ ] 1= Si
0= No
¿Cuál? ____________________

Desde cuando [ ] 1= menos de 3 meses
2= mas de 3 meses

Minutos por sesion [ ] 1= menos de 30 minutos
2= mas de 30 minutos

Veces por semana [ ]

Consumo de alimentos chatarra [ ] 1= si
0= no

Veces por semana [ ]

Consumo de frutas [ ] 1=si
0=no

Veces por semana [ ]

Consumo de verduras [ ] 1=si
0=no

Veces por semana [ ]

**5.- Antecedentes personales patológicos:**

Enf. infectocontagiosas: [ ] 1= Si 0= No ¿Cuál?

Traumáticos: [ ] 1= Si 0= No

Quirúrgicas: [ ] 1= Si 0= No ¿Cuál?

Alérgicos: [ ] 1= Si 0= No ¿Cuál?

Transfusionales: [ ] 1= Si 0= No ¿Cuándo?

Intoxicaciones: [ ] 1= Si 0= No ¿Cuál?

Hospitalizaciones previas: [ ] 1= Si 0= No ¿Cuál?

Enfermedades:

DM [ ] 1= Si 0= No Tiempo de diagnóstico: [ ] 1= <1 año 2= 1 a 5 años 3= 6 a 10 años 4= 11 a 15 años 5= >15 años

HAS [ ] 1= Si 0= No Tiempo de diagnóstico: [ ] 1= <1 año 2= 1 a 5 años 3= 6 a 10 años 4= 11 a 15 años

Dislipidemia [ ] 1= Si 0= No Tiempo de diagnóstico: [ ] 1= <1 año 2= 1 a 5 años 3= 6 a 10 años 4= 11 a 15 años 5= >15 años

Problema oftalmológico: [ ] 1= Si 0= No ¿Cuál? ______________________

Que tipo de medicamento toma para la diabetes

a) Sulfonilureas
b) Biguanidas
c) Inhibidores de la alfa glucosidasa
d) Tiazolidinedionas
e) Insulina
f) Combinados

Nombre y dosis del medicamento

______________________________________________

¿Toma algún medicamento para la hipertensión?

1= Si 0 = No

¿Qué antihipertensivo está tomando para tratamiento de la hipertensión?

a) IECA
b) Beta bloqueadores
c) Bloqueadores de los canales de calcio
d) ARA
e) Otro ¿Cual? ____________

Nombre y dosis del medicamento

______________________________________________

¿Toma algún medicamento para dislipidemia?

1= Si 0= No

¿Qué medicamento toma para control de la dislipidemia?

a) Estatinas b) Fibratos c) Estatinas más fibratos

Nombre y dosis del medicamento

______________________________________________

**4. Padecimiento actual:**

______________________________________________
______________________________________________
______________________________________________

**5. Interrogatorio por aparatos y sistemas**

**Cardiovascular:**

| | | | | | |
|---|---|---|---|---|---|
| Dolor torácico: | [ ] | 1= Si<br>0= No | Tiempo evolución: | [ ] | 1= 2 días<br>2= 1 semana<br>3= 2 semanas<br>4= >2 semanas |
| Angina de pecho: | [ ] | 1= Si<br>0= No | Tiempo evolución: | [ ] | 1= <6 meses<br>2= 6 meses a 1año<br>3= 1 a 5 años<br>4= >5 años |
| Disnea de esfuerzo: | [ ] | 1= Si<br>0= No | Tiempo evolución: | [ ] | 1= <6 meses<br>2= 6 meses a 1año<br>3= 1 a 5 años<br>4= >5 años |
| Palpitaciones: | [ ] | 1= Si<br>0= No | Tiempo evolución: | [ ] | 1= <6 meses<br>2= 6 meses a 1año<br>3= 1 a 5 años |

**Urinario:**

| | | | | | |
|---|---|---|---|---|---|
| Polaquiuria: | [ ] | 1= Si<br>0= No | Tiempo evolución: | [ ] | 1= 2 días<br>2= 1 semana<br>3= 2 semanas<br>4= >2 semanas |
| Nicturia: | [ ] | 1= Si<br>0= No | Tiempo evolución: | [ ] | 1= 2 días<br>2= 1 semana<br>3= 2 semanas<br>4= >2 semanas |

**Endócrino:**

Polifagia: [ ] 1= Si  Polidipsia: [ ] 1= Si

**Sistema nervioso:**

| | | | | | | | |
|---|---|---|---|---|---|---|---|
| Cefalea: | [ ] | 1= Si<br>0= No | Mareos | [ ] | 1= Si<br>0= No | Tinitus [ ] | 1= Si<br>0= No |

**6. Exploración física:**

Peso actual: [ ] kg  F.C.: [ ]

Talla: [ ] m  F.R.: [ ]

I.M.C. [ ] kg/ m2  TA: [ ] mmHg  TA: [ ] mmHg  TA: [ ] mmHg

Perímetro cintura: [ ] cm  Perímetro cadera: [ ] cm

**Tórax:**

Campos pulmonares

| | 1= Si | 0= No |
|---|---|---|
| Normal | | |
| Estertores | | |
| Broncoespasmo | | |

Ruidos cardiacos

| | 1= Si | 0= No |
|---|---|---|
| Normal | | |
| Soplo | | |

**7. Impresión diagnóstica:**

________________________________________
________________________________________
________________________________________
________________________________________

**8. Exámenes de laboratorio y gabinete:**

| | | |
|---|---|---|
| Glucosa | | |
| Insulina | | |
| Adiponectina | | |
| Colesterol | | |
| HDL Colesterol | | |
| LDL Colesterol | | |
| VLDL Col | | |
| Trigliceridos | | |

| | Presencia | Ausencia |
|---|---|---|
| Polimorfismo 45 | | |
| Polimorfismo 276 | | |

**9. Tratamiento:** ______________________________

____________________ ____________________

**Nombre del médico** **Firma**

# ANEXO 3

## DETERMINACIÓN DE INSULINA POR MÉTODO DE RADIOINMUNOANÁLISIS

### Principio del análisis

El procedimiento es un radioinmunoensayo de fase sólida, donde insulina marcada con $^{125}I$ compite durante un tiempo fijo con la insulina de la muestra del paciente por sitios de unión al anticuerpo específico para la insulina.

Debido a que el anticuerpo esta inmovilizado en la pared de un tubo de polipropileno, la simple decantación de sobrenadante es suficiente para terminar la competencia y aislar la fracción de anticuerpo unido de la insulina de la insulina marcada con el isotopo. La lectura del tubo en un contador gama, proporciona entonces, un número que se convierte por medio de una curva de calibración en una medida de la insulina presente en la muestra del paciente.

### Procedimiento del RIA

Todos los componentes deben levarse a temperatura ambiente (15-28°C) antes de su uso. Para este ensayo no se recomienda dispensador automático.

1. Tubos de ensayo: Marcar cuatro tubos de ensayo (no recubiertos) de polipropileno de 12 x 75 mm como tubos T (contajes totales) y NSB (unión no específica) por duplicado.
   Al ser característicamente baja la unión no específica en el ensayo, los tubos NSB pueden ser omitidos sin comprometer la precisión y control de calidad del ensayo.

Tubos recubiertos: Marcar con A catorce tubos recubiertos con anticuerpos anti-insulina (unión máxima) y de B a G, por duplicado. Marque tubos recubiertos adicionales, también por duplicado, para controles y muestras de pacientes.

2. Pipetear 200 µl del calibrador cero en los tubos NSB y A, y 200 µl de los restantes calibradores, control y muestras de pacientes en los tubos preparados. Pipetear directamente en el fondo.
   Diluir las muestras de pacientes que se espera que contengan concentraciones de insulina mayores al calibrador más alto (400 µIU/ml), con el calibrador cero.
3. Agregar 1 ml de $^{125}$I Insulina a cada tubo. Agitar en vórtex.
   No deberán dejarse muestras en os tubos durante largos periodos de tiempo. Después del paso 2, el paso 3 deberá completarse lo más pronto posible, sin que pasen más de 40 minutos entre la adición de la primera muestra y la terminación de la adición del trazador. Separe los tubos T para su lectura; no requieren de mas procesamiento.
4. Incubar de 18-24 horas a temperatura ambiente (15-28°C).
   Como alternativa se puede incubar durante 3 horas a temperatura ambiente, y omitiendo el calibrador B.
5. Decantar completamente.
   Al retirar toda la humedad visible se intensificara enormemente la precisión. Utilizando una gradilla de decantación, eliminar el contenido de los tubos (excepto los tubos T) y dejarlos escurrir durante 2 o 3 minutos. Después golpear los tubos con energía sobre el papel absorbente para sacudir todas las gotas residuales.
6. Leer durante 1 minuto en el contador gama.

# ANEXO 4

## PROCEDIMIENTO PARA EXTRACCIÓN DE ADN POR LA TÉCNICA TSNT

1. Colocar 500 µl de sangre periférica con EDTA en un tubo de 2 ml eppendorf.
2. Añadir 350 µl de la solución amortiguadora de lisis TSNT al paquete celular y mezclar perfectamente por inversión.
3. Agregar 100 µ de Buffer TE-1X.
4. Agregar 250 µl de fenol saturado y mezclar por inversión.
5. Agregar 100 µl de sevag (cloroformo-alcohol isoamílico) y agitar vigorosamente hasta homogenizar completamente.
6. Mezclar y centrifugar 8 minutos a 14000 RPM.
7. Quedarse con el sobrenadante (aproximadamente 650 µl)
8. Repetir pasos 3-7.
9. Precipitar agregando 520 µ (0.8 partes) de isopropanol de acuerdo a la cantidad de la fase acuosa (mezclar suavemente hasta observar una hebra blanca). No agitar vigorosamente, porque se rompe el DNA.
10. Agregar 120 µl (10% del volumen total) de acetato de sodio 3M y mezclar suavemente.
11. Incubar a -20°C durante 15 minutos.
12. Centrifugar 8 minutos a 14000 rpm y decantar sobrenadante.
13. Agregar 500 µl de etanol al 70% frio, mezclar y centrifugar 8 minutos a 14000 rpm.
14. Decantar sobrenadante y dejar secar la pastilla a temperatura ambiente.
15. Resuspender con 50-100 µl de TE-1X (según el tamaño de pastilla obtenido).
16. Disolver DNAg a 55°C (700 rpm) durante 10 minutos o hasta disolver.
17. Etiquetar la muestra y almacenar a 4°C.

# GLOSARIO

**Ácido graso:** Acido monocarboxílico de cadena larga que contiene un numero par de átomos de carbono.

**Acilación:** Proceso por el cual se agrega un derivado de acido carboxílico (acilo) a un compuesto.

**Adipocito:** Célula esférica o poliédrica de gran tamaño, propia del tejido graso, cuya función principal es el almacenamiento de lípidos.

**Adiponectina:** Proteína de secreción similar al colágeno, producida por los adipocitos.

**Alelo:** Una de las versiones alternativas de un gen que ocupa un locus determinado.

**Amplicón:** Producto del proceso de amplificación del ADN.

**Androstenediona:** Andrógeno producido a partir de la dehidroepiandrosterona, principalmente en la capa reticular de la corteza suprarrenal y en menor medida en las células de Leydig en los testículos. Su principal función es modular, junto con otras hormonas, los caracteres sexuales secundarios masculinos.

**Angiogénesis:** Proceso fisiológico que consiste en la formación de vasos sanguíneos nuevos a partir de los vasos preexistentes.

**Bromuro de etidio:** Agente intercalante utilizado como marcador de ácidos nucleicos en los procesos de electroforesis. Es un compuesto fluorescente que emite una luz al ser expuesto a luz ultravioleta, lo que permite visualizar el corrimiento de las bandas en el gel.

**Caucásico:** Termino utilizado para designar a personas cuya tonalidad de piel es blanca y que suele ser asociada a poblaciones de origen europeo.

**Cromatografía de Afinidad:** Técnica en la que se aíslan las proteínas de acuerdo con sus propiedades biológicas, es decir, su capacidad para unirse a una molécula especial.

**Cromosoma:** Estructura física, compuesta por ADN y algunas proteínas, que contiene los genes de un organismo.

**Desequilibrio de ligamiento:** Aparición de combinaciones especificas de los alelos en fase de acoplamiento en dos o más loci ligados con más frecuencia de lo que se esperaría por azar.

**Dislipidemia:** Alteración en la composición o la cantidad de lípidos y lipoproteínas en la sangre.

**DNA polimerasa:** Enzima que puede sintetizar una nueva cadena de ADN utilizando una cadena de ADN previamente sintetizada como plantilla.

**Dominio:** Región de la secuencia de aminoácidos de una proteína que puede ser asignada a una función determinada.

**Electroforesis:** Tipo de técnicas en las que las moléculas se separan unas de otras debido a las diferencias de su carga neta.

**Enfermedad coronaria:** Trastorno de las arterias cardiacas cuyo efecto patológico principal es la reducción del aporte de oxigeno y nutrientes al miocardio.

**Enzima de restricción:** Es aquella que puede reconocer una secuencia característica de nucleótidos dentro de una molécula de ADN y cortarlo en ese punto en concreto. Este mecanismo de corte del AND se realiza mediante la ruptura de enlaces fosfodiéster en la doble hebra, lo que da lugar a dos extremos de ADN.

**Equilibrio Hardy Weinberg:** Principio que establece que la composición genética de una población permanece en equilibrio mientras no actúe la selección natural ni ningún otro factor y no se produzca ninguna mutación.

**Esteroides:** Perteneciente a un numeroso grupo de sustancias hormonales con una estructura química básica similar, producidas principalmente en la corteza suprarrenal y la gónadas.

**Estrona:** Tipo de estrógeno.

**Exón:** Región transcrita de un gen que está presente en el ARNm maduro.

**Fibroblasto:** Célula indiferenciada, alargada y plana del tejido conectivo que da lugar a diversos elementos precursores, como el condroblasto, el colagenoblasto y el osteoblasto. Estas células precursoras forman los tejidos fibrosos, de soporte y de unión del cuerpo.

**Frecuencia alélica:** Proporción que se observa de un alelo especifico respecto al conjunto de los que pueden ocupar un locus determinado en la población.

**Gen:** Unidad hereditaria. En términos moleculares, secuencia de ADN cromosómico que se requiere para producir un producto funcional.

**Genoma:** La secuencia completa de AND, que contiene toda la información genética de un gameto, un individuo, una población o una especie.

**Genotipo:** Constitución genética de un individuo, que puede distinguirse a partir del fenotipo. Más específicamente los alelos presentes en un locus.

**Glicosilación:** Proceso químico en el que se adiciona un glúcido a otra molécula de naturaleza proteica o lipídica.

**Glucogenólisis:** Ruta bioquímica que elimina las moléculas de glucosa de los polímeros de glucógeno cuando la concentración de glucosa en sangre es baja.

**Gluconeogénesis:** Síntesis de glucosa a partir de moléculas distintas de los hidratos de carbono.

**Haplotipo:** Grupo de alelos en acoplamiento en loci estrechamente ligados que generalmente se heredan como una unidad.

**Hematopoyesis:** Formación y desarrollo normal de las células sanguíneas en la medula ósea.

**Heterocigoto:** Individuo o genotipo con dos alelos diferentes en un locus determinado de un par de cromosomas homólogos.

**Hidroxilación:** Reacción química en la que se introduce un grupo hidroxilo en un compuesto, reemplazando un átomo de hidrogeno, oxidando al compuesto.

**Hiperinsulinemia:** Concentración de insulina en la sangre por arriba de los valores normales.

**Hipoadiponectinemia:** Concentración de adiponectina en la sangre por arriba de los valores normales.

**Homeostasis:** Mantenimiento del medio interno en un estado relativamente constante gracias a un conjunto de respuestas adaptativas que permiten conservar la salud y la vida.

**Homocigoto:** Individuo o genotipo con alelos idénticos en un locus determinado de un par de cromosomas homólogos.

**Intrón:** Segmento de un gen que es inicialmente transcrito, pero que después es eliminado de la transcripción primaria de ARN al empalmarse las secuencias existentes a cada lado (exones).

**Lipoproteina:** Proteína conjugada en la que las moléculas lipídicas son los grupos prostéticos. Complejo lípido-proteína que transporta en la sangre los lípidos insolubles en agua.

**Locus:** Posición ocupada por un gen en un cromosoma. El locus puede estar ocupado por diferentes formas del gen.

**Macrófago:** Célula fagocítica del sistema reticuloendotelial, como las células de Kupffer del hígado, los esplenocitos del bazo y los histiocitos del tejido conjuntivo laxo.

**Marcadores microsatélite:** Locus polimórfico formado de un número variable de unidades bi, tri o tetranucleotídicas repetidas en tándem. Los distintos alelos están constituidos por diferente número de unidades. También denominado polimorfismo de tándem corto de repetición (STRP).

**Mutación con pérdida de sentido:** Mutación puntual en la que el cambio de base produce un codón que codifica otro aminoácido.

**Mutación:** Cualquier cambio permanente heredable en la secuencia del ADN genómico.

**Polimorfismo:** Presencia en una población de dos o más genotipos alternativos, cada uno de los cuales presenta una frecuencia mayor que la que podría ser mantenida solo por mutación recurrente.

**Región promotora:** Sitio a partir del cual se transcribe y se regula el gen.

**Síndrome Metabólico:** Síndrome caracterizado por un conjunto de factores de riesgo metabólico asociados a la enfermedad cardiovascular y la diabetes mellitus tipo 2.

FSC
www.fsc.org
MIX
Papier | Fördert gute Waldnutzung
FSC® C083411

Kolibri 360 GmbH
Ferdinand-Jühlke-Straße 7
99095 Erfurt, Deutschland
produktsicherheit@kolibri360.de

Druck:
CPI Druckdienstleistungen GmbH
im Auftrag der
Kolibri 360 GmbH
Ferdinand-Jühlke-Str. 7
99095 Erfurt